教育部人文社会科学研究青年基金项目

"城市居民慈善捐赠行为发生机制研究"（编号：15YJC840045）

山东理工大学人文社会科学发展基金项目（特色项目支持工程）

"山东省城市居民慈善捐赠方式选择偏好研究"

山东理工大学青年教师发展支持计划经费资助项目研究成果

该著作受"山东理工大学人文社会科学发展基金资助"

中国式慈善研究

——基于城市居民慈善捐款行为的调查

张进美 著

中国社会科学出版社

图书在版编目 (CIP) 数据

中国式慈善研究：基于城市居民慈善捐款行为的调查／张进美著.
—北京：中国社会科学出版社，2015.12
ISBN 978 - 7 - 5161 - 7413 - 5

Ⅰ.①中⋯　Ⅱ.①张⋯　Ⅲ.①慈善事业 - 影响 - 市民 - 行为 -
调查研究 - 中国　Ⅳ.①S632.1

中国版本图书馆 CIP 数据核字（2015）第 309486 号

出 版 人	赵剑英
责任编辑	宫京蕾
责任校对	张依婧
责任印制	何　艳

出　　版	中国社会科学出版社
社　　址	北京鼓楼西大街甲 158 号
邮　　编	100720
网　　址	http：//www.csspw.cn
发 行 部	010 - 84083685
门 市 部	010 - 84029450
经　　销	新华书店及其他书店

印刷装订	北京市兴怀印刷厂
版　　次	2015 年 12 月第 1 版
印　　次	2015 年 12 月第 1 次印刷

开　　本	710 × 1000　1/16
印　　张	15
插　　页	2
字　　数	227 千字
定　　价	58.00 元

凡购买中国社会科学出版社图书，如有质量问题请与本社营销中心联系调换
电话：010 - 84083683

前　　言

作为社会保障体系重要组成部分的慈善事业具有调节社会秩序与促进社会和谐的作用，也是推动社会主义精神文明与思想道德建设的重要途径。当今社会，以慈善事业为主体的社会公益性行为成为衡量一个国家道德和文明水准的重要标志。改革开放以来，每当发生天灾人祸、危机动乱、贫富悬殊等情况时，政府有时并不能有效应对，慈善便以超越政府和国家的力量，无分畛域、人种和国界，用善心呼唤社会中的个人与团体捐款捐物、相帮互助、扶贫济困、救伤葬亡，从而达到解救民生困苦与消除社会乱象的目的。

胡锦涛总书记在接见第二届中华慈善大会代表时指出："慈善事业是改善民生、促进社会和谐的崇高事业。进一步发展中国慈善事业，需要各方面的热心支持和鼎力相助。希望海内外社会团体、各类企业和各界人士进一步发扬人道主义精神，乐善好施，扶危济困，热情参与慈善活动，向需要帮助的人们奉献更多的关爱。希望各级各类慈善机构充分发挥自身优势，积极传播慈善文化，不断创新捐款方式，切实管好用好善款，以良好形象取信公众、取信社会。希望各级党委、政府和有关部门始终坚持以人为本，大力倡导文明新风，高度重视慈善事业，不断完善政策措施，把各方面的积极性充分调动起来，为发展我国的慈善事业，为夺取全面建设小康社会新胜利做出更大贡献。"①

习近平总书记在《中共中央关于全面深化改革若干重大问题的决

---

① 胡锦涛：《充分调动各方面积极性　发展中国慈善事业》（http：//mzzt. mca. gov. cn/article/csdh/xwdt/200812/20081200023247. shtml）。

定》的说明中特别指出："完善以税收、社会保障、转移支付为主要手段的再分配调节机制，加大税收调节力度。建立公共资源出让收益合理共享机制。完善慈善捐助减免税制度，支持慈善事业发挥扶贫济困积极作用。"① 国务院也曾在 2014 年 11 月 24 日发文《国务院关于促进慈善事业健康发展的指导意见》（国发〔2014〕61 号），以进一步加强和改进慈善工作。它指出，要鼓励社会各界开展慈善活动。鼓励社会各界以各类社会救助对象为重点，广泛开展扶贫济困、赈灾救孤、扶老助残、助学助医等慈善活动。②

　　公民慈善捐赠是慈善事业的基石，广大民众的参与是慈善事业蓬勃发展的主要动力。一方面，公民慈善是慈善事业发展的不竭源泉。一个文明的社会，应该是由千千万万个有着慈悲心怀和善良品德的公民组成的，他们代表社会的道德和良知。只有得到全体平民百姓的认同和支持，才能形成一种自觉的、互助友爱的社会慈善氛围，弱化因贫富差距而导致矛盾的倾向，实现社会文明与和谐。有了全体公民的广泛参与，才能积累更加厚实的慈善经费资源，慈善事业才能发展成为一项宏伟事业，即一项有能力帮助他人的、社会成员共同参与的社会公益事业。另一方面，公民慈善有助于培育公民的爱心和形成理性财富观，实现良好道德风尚和人际和谐。受市场经济的负面影响，中国社会出现了唯利是图、见利忘义、拜金主义的倾向，导致道德水准下降，一些人患了"社会冷漠症"，对社会不负责任，对他人漠不关心，更有甚者，见义不为、见死不救。而公民慈善则以关心他人、助人为乐为本，体现的是良好的道德风尚与和谐的人际关系，通过慈善捐赠，爱心和真情得以传递，是营造温馨和谐的人际关系与诚信友爱的社会氛围的有效方式，也是治疗"社会冷漠症"的"良方"。③

---

　　① 《〈中共中央关于全面深化改革若干重大问题的决定〉的说明》（http: //news. hexun. com/2013 - 11 - 16/159738559. html）。

　　② 《国务院关于促进慈善事业健康发展的指导意见》（http: //hunancs. mca. gov. cn/article/zcfg/201507/20150700844207. shtml）。

　　③ 孟兰芬：《倡导平民慈善的意义及其实现途径》，《吉首大学学报》（社会科学版）2007 年第 4 期。

　　近几年，中国的慈善事业快速发展。张寒在《2009 中国慈善事业发展调查报告》中描绘了中国式慈善的发展历程——2003 年，期待公司慈善；2004 年，热情淹没的时代；2005 年，慈善战略初现；2006 年，善涌捐赠潮；2007 年，捐赠热情高涨；2008 年，全民慈善"井喷"。①

　　然而，中国个人慈善捐赠行为存在着许多发人深省的"有趣"之处。

　　（1）自改革开放以来，中国经济发展迅速，GDP 在世界上的排名不断跃进——中国 GDP 由 1978 年的第 10 位上升为 2007 年的第 4 位，2010 年更是上升到第 3 位，且人均 GDP 也位居 95 名。2011 年，英国慈善援助基金会根据盖洛普公司在 153 个国家和地区的调查发布"世界捐助指数"（World Giving Index），在这份排名中，中国仅排名第 140 位，其中捐款排名第 120 位。② 为何强劲的经济发展没有带动中国慈善发展？难道还有除经济因素以外的其他因素在"作怪"？

　　（2）据统计，在美国的慈善款项来源中，个人捐赠超过 80%。而中国来自个人的捐赠不到 20%，大部分捐赠来自企事业单位，而捐赠企业又占企业总数的极小部分。③ 可见，中国的个人慈善捐赠情况还相当滞后。那么，为什么个人捐赠那么少呢？

　　（3）在美国，每年的慈善捐赠总额中有 75% 以上来自公众日常捐赠。在中国，公民的慈善捐赠行为大多在大灾大难后短暂呈现，以 2008 年汶川地震为例，地震发生后不到半个月的时间就募集到善款 20 亿元；2008 年年初的南方冰雪灾害发生后，日捐赠量达 6000 万元。④ 从 1998 年至 2008 年，"1998 年洪灾""2003 年非典""2008

---

　　① 张寒：《中国式慈善六岁了》，《中国西部》2009 年第 Z4 期。

　　② Dr John Low, *WORLD GIVING INDEX* 2011, UK：Charities Aid Foundation，2011，p. 51.

　　③ 刘澄、刘志伟、叶波：《改进中国慈善捐赠的制度安排》，《国际经济评论》2006 年第 5 期，第 41 页。

　　④ 赵海林：《个人慈善捐赠模式探析》，《淮阴师范学院学报》（哲学社会科学版）2010 年第 2 期，第 195 页。

年地震"这三大事件下所募集到的社会捐赠款额与其他年份相比要多，分别为 50.2 亿元、41.0 亿元，尤其是 2008 年出现"井喷"现象，全年接收社会捐赠款 744.5 亿元。[①] 而在未发生重大灾害的 2009 年，中国社会捐赠额仅为 483.7 亿元。为何中国人缺乏日常捐赠习惯？

（4）虽然中国人的慈善捐款额很少，但是人情随礼支出却较多。2010 年辽宁省城市居民户均人情随礼支出 3017.69 元，为当年户均捐赠支出的 14.53 倍。[②] 这一比例在世界范围内可能是最高的。这到底是怎么回事？有人说是因为人情随礼文化所致。那么，人情随礼是否也会影响居民慈善捐款行为？

（5）从本质上而言，慈善捐赠应该是一种自愿行为，但为何有些人即使心里不愿意捐，还是从口袋里掏钱出来捐？是突然被感化还是盲从，或者是迫于某种压力，又或者是因受到某些政策措施的推动而捐款？

（6）"郭美美事件""中国妇女发展基金会用善款高价收购炉具牟利事件"等一系列事件后，有的人继续捐款给慈善组织，有的人则不再捐。例如，2011 年 9 月 21 日，一名网易彩民中 863 万元大奖后因"郭美美事件"而拒绝捐款给慈善组织，而是"将捐部分钱给家乡修路"。为何慈善组织会影响个人慈善捐款行为？或者说，究竟人们对慈善组织的信任在多大程度上影响着个人捐赠呢？

（7）有些学者认为，中国人的慈善捐赠行为受"熟人文化""乡里情结"和"亲族情结"等影响，呈现"亲疏远近"的特点，故人们习惯直接资助有困难的亲戚、朋友、邻居等，而不习惯现代意义的慈善，即通过慈善机构资助陌生人。莫非这是真正原因？同时，有一个问题令笔者非常好奇：中国人在发生捐赠行为时究竟处于哪种利他倾向的状态？对此问题的回答也可以反映当前中国人的慈善捐赠是否为现代意义上的慈善。

① 《2011 年中国统计年鉴》（http://www.stats.gov.cn/tjsj/ndsj/2011/indexch.htm）。

② 林良池：《辽宁省城市居民住房保障需求调查》，硕士学位论文，东北大学，2010 年。

　　综上所述，尽管个人慈善捐赠在中国社会保障体系构成及社会建设中具有极为重要的作用，但现存的种种"有趣现象"表明它的发展步伐并没有跟上现代慈善事业的发展，因此，从根本上不利于中国整个慈善事业发展。至此，笔者产生三大疑问：一是究竟"当前中国个人慈善捐赠情况处于何种状态？"二是究竟"中国人的慈善捐赠行为显现哪些特点？这些特点是拉近还是远离了中国慈善与真正意义上的现代慈善间的距离？"三是究竟"有哪些主要原因或因素影响着中国人的慈善捐赠行为？"只有回答了上述问题，才能厘清中国慈善捐赠的真正面目，才能解决应该从哪些方面入手来促进更多人做慈善的问题。

　　上述问题中的每一个都涉及经济、社会、文化等诸方面，要做出确切回答需要搜集大量经验数据，具有相当的难度，至今尚无明确的答案，而破解这些难题正是本书的最终目标，也是出版本书与更多学者进行探讨的最大动力。

目　　录

第一章

导　论

第一节　选题来源与背景

一　选题来源

慈善象征的是爱心、公益与社会责任，它是中华民族世代相承的传统美德，更是现代文明的一个重要体现。慈善事业是中国特色社会主义事业和社会保障体系的重要组成部分。加快发展慈善事业，对于新形势下调节利益分配、缓解社会矛盾、促进社会公平、增进社会和谐，对于提高公民社会责任意识、营造良好社会风气、促进社会主义精神文明建设、增强民族凝聚力，具有重要作用。笔者对公民慈善问题予以特别关注源于 2008 年 5 月 12 日汶川地震后人们对受灾地区踊跃捐赠的感人画面，也源于 2009 年所参与的辽宁省教育厅人文社会科学研究项目"辽宁省城市居民慈善行为影响因素研究"。正是生活中这一份份感动和对学术研究的追求，激发了笔者将相关成果撰写成书的兴趣。

二　选题背景

纵观"十一五"时期我国慈善事业的发展历程，可知这一时期是我国慈善事业发展取得重大进展的五年。在这五年中，我国慈善事业快速发展，取得了帮扶困难群众、支持社会发展的显著成绩，积累了培育发展慈善事业主体、广泛动员社会力量的宝贵经验，形成了"十二五"时期更好推进慈善事业发展的良好基础。同时也要看到，我国慈善捐赠总量与人均捐赠数量仍相对较少，慈善法规政策与慈善事业发展要求仍不相适应，公益慈善组织自身能力与承担的社会责任仍不相适应，慈善事业专业人才与公益慈善组织发展需求仍不相适应。加快发展慈善事业，是社会发展的迫切需要，是各级党委政府、企事业单位、社会组织和广大人民群众、部队官兵的共同愿望。

"十二五"时期，我国慈善事业发展面临十分有利的环境，其一，党中央国务院将慈善事业发展纳入"十二五"时期的总体部署，党的十七届五中全会提出"大力发展慈善事业"的要求，《中华人民共和国国民经济和社会发展第十二个五年规划纲要》明确提出"加快发展慈善事业，增强全社会慈善意识，积极培育公益慈善组织，落实并完善公益性捐赠的税收优惠政策"，为进一步发展慈善事业指明了方向，注入了强大动力。其二，经过30多年改革开放和经济社会的快速发展，我国的物质基础更加坚实，人民群众生活水平显著提高，慈善意识更加普及，许多个人、企业和社会组织有爱心、有能力参与慈善事业，国际慈善交流与合作进一步加强，为进一步发展慈善事业提供了丰富的资源条件。其三，保障和改善老年人、残疾人、低收入居民、受灾群众、困境儿童等群体的基本生活，加强对进城务工人员和农村留守老人、留守妇女、留守儿童等群体的服务，加快发展教育、科技、文化、卫生、体育、环保等社会公共事业，为进一步发展慈善事业开辟了广阔空间。其四，推进社会主义精神文明建设，弘扬民族精神和时代精神，培养公民的社会责任感，营造团结互助、平等友爱、融洽和睦、乐于奉献的社会风气，为进一步发展慈善事业增强了思想道德基础，营造了舆论氛围。

虽然"十二五"时期慈善事业发展的机遇与挑战并存，但在《中国慈善事业发展指导纲要（2011—2015 年）》的推动下，把握机遇、迎难而上，进一步发挥慈善事业在国家经济社会发展中的作用，加快推动"十二五"时期慈善事业的发展，不断满足日益增长的社会需求，是全社会的共同责任。

仅在 2014 年，从中央到地方，共出台了百余项公益慈善政策。那么，这些政策是否能够说明慈善事业、社会组织发展的春天已经到来了？除此之外，在 2014 年 10 月 30 日国务院常务会议上，李克强总理讲："发展慈善事业，引导社会力量开展慈善帮扶，是补上社会建设'短板'、弘扬社会道德、促进社会和谐的重要举措。必须创新机制，使慈善事业与国家保障救助制度互补衔接、形成合力。"①

第二节　研究综述

笔者在研究中发现：一方面，由于慈善行为的含义相当复杂，人们往往对其存在不同的理解，而这些理解又会影响他们的具体慈善行为；另一方面，我们通常所说的捐赠行为可分为捐款、捐物、献血以及做志愿服务等几大类，其中以捐款行为最为常见，在慈善捐赠总量中所占比重最大，例如，2008 年汶川大地震发生后，截至 2008 年 12 月 25 日，仅中华慈善总会接收的抗震救灾捐赠款物共计 10.76 亿多元，其中资金 9.2 亿多元，物资折价 1.56 亿多元②，即捐款额占总救灾捐赠款物的 85.5%。也就是说，相比其他几种形式而言，捐款在慈善捐赠中所占比重较大。同时，慈善捐款常以货币为单位来测量，相对较易测量。因为一般而言，在慈善捐赠中，捐款可以直接以金额来计量，物资则常用"件数"来计量，而献血和志愿服务虽各自有自己的计量单位，但远不能像货币单位那样"标准化"，简言之，后三种捐赠行为比较难以计量。因此，笔者认为捐款是反映公民日常捐赠行为的重要变量。

同时，通过前期的文献检索发现，有关慈善捐赠问题的研究虽然很多，但内容多比较宽泛：有的学者从捐款、捐物角度来研究；有的学者则除了研究捐款、捐物外，还把献血和志愿服务也纳入其中，并将"捐钱、捐物、捐时间"等统称为"捐赠"进行研究，因此，当

---

① 《李克强主持召开国务院常务会议　确定发展慈善事业措施汇聚更多爱心扶贫济困》（http://www.mca.gov.cn/article/zwgk/201410/20141000720437.shtml）。

② 中华慈善总会：《2008 年中华慈善总会工作总结报告》（http://cszh.mca.gov.cn/article/zhjb/200902/20090200026734.shtml）。

笔者以"捐款"为关键词进行检索时，所得文献寥寥无几；而以"捐赠"为关键词进行检索时，则收获颇丰。这一方面可能是因为各位学者的研究内容较宽泛；另一方面可能是因为他们常用"捐赠金额"或"捐赠额度"来指代"捐款"。

综上所述，捐款行为可以作为公民日常捐赠行为的代表，且各位学者研究"慈善捐赠"时也常以"捐赠金额"或"捐赠额度"来指代。虽然献血也属于捐物，但这种生命物质捐赠与普通物品捐赠相比更为特殊，所以学者一般单独将其从捐物中抽出来而赋予其特有的名字："献血"；同样地，由于捐赠服务也较为特殊，学者通常将其称为"志愿服务"。虽然二者也属于慈善捐赠，但因为"时间"难以像货币那样易于储存和衡量，学者一般不会将其称作"捐赠金额"或"捐赠额度"等。因此，虽然笔者的研究主题是慈善捐款，但在接下来的研究综述部分，将以慈善捐赠为主题来梳理以往的研究成果。

一　相关概念界定

（一）慈善与慈善事业

1. 慈善的含义

汉语中"慈善"一词出自《论语·为政》。子曰："孝慈则忠，举善而教。"与慈善有关的内容与思想，在传统儒家典籍中可以说比比皆是，根深蒂固。

英文中"慈善"对应 charity 和 philanthropy 两词。charity 来自拉丁文 cants，其意为：给穷人提供的帮助、救济和施舍；用于帮助处于需要中的人的东西；为帮助处于需要中的人而建立的机构、组织或基金会；被定义为爱的一种美德，这种美德引导人们首先对上帝尊爱，然后对作为上帝施爱对象的某人自己和邻里表示仁爱之心。philanthropy 来自希腊文，由"爱"和"人类"两部分构成，意思是：增加人类福利的努力或倾向，比如通过慈善援助或捐赠等；对全人类的爱；为了提高人类福利的活动或机构。相比较而言，charity 更强调针对穷人或困苦状态的人的帮助、救济；而 philanthropy 则不仅限于帮助穷人，它还带有提高福利水平的意思。①

《现代汉语大词典》对慈善的解释是"仁慈，富有同情心"②。著名经济学家贝克尔将慈善定义为：如果将时间与产品转移给没有利益关系的人或组织，这种行为被称为"慈善"或"博爱"。③

随着社会发展，"慈善"被赋予越来越多的内容，向越来越宽的范围发展。

有的学者从道德范畴界定慈善。单玉华认为，慈善是一个伦理道德范畴，它既指人与人之间相互关心、爱护和帮助的行为和关系，又指对他人的同情、怜悯等心态，还指与之有关的社会事业。④

有的学者除了强调慈善在道德层面的意义，还强调慈善行为的动机。周秋光认为，慈善是一种社会行为，是指在政府倡导或帮助与扶持下，由民间团体和个人志愿组织来组织与开展活动，对社会中遇到灾难或不幸的人不求回报地实施救助的一种高尚无私的支持与奉献行为。换言之，慈善是从慈爱和善意的道德层面出发，通过实际志愿捐赠等行为和举动，对社会物质财富进行第三次分配。他还认为，慈善也是一种动机。作为一种动机，慈善必须是无私奉献，如果含有任何自利目的便算不得真正慈善，即慈善只讲付出，不求回报。⑤

有的学者从个人或群体的自愿性来界定慈善。徐麟认为，慈善是公众以捐赠款物、志愿服务等形式关爱他人、奉献社会的自愿行为，而通过某种途径自愿向社会及受益人提供无偿社会救助和社会援助的行为是慈善的核心所在，这些援助包括资金、劳务和实物等。⑥ 王小波认为，慈善是指个人、群体或社会组织自愿向社会或受益人无偿捐助钱物或提供志愿服务的行为，是帮助人们摆脱各种困难、抵御风险

① 杨高举、王征兵、杨现：《慈善捐赠：实验调查的计量分析》，《中国科技论文在线》2007 年第 6 期。

② 阮智富、郭现：《现代汉语大词典》，汉语大词典出版社 2002 年版，第 1644 页。

③ ［美］贝克尔：《人类行为的经济分析》，王业宇等译，上海人民出版社 1995 年版，第 321 页。

④ 单玉华：《中华民族的慈善传统与现代慈善事业》（http：//cpc.people.com.cn）。

⑤ 周秋光、曾桂林：《中国慈善简史》，人民出版社 2006 年版，第 3—6 页。

⑥ 徐麟：《中国慈善事业发展研究》，中国社会出版社 2005 年版，第 30—31 页。

及发展社会公益事业的重要途径。它关注弱势群体及脆弱的社会成员，其行为主体是群体、组织与个人，属于志愿性公益事业。①

还有学者着重从慈善主体与客体间的"亲缘距离"来界定慈善。清华大学社会学教授李强指出：慈善不是对熟人的帮助，父亲和孩子、夫妻之间本身就是一个经济实体。慈善是对一个陌生人，是对一个和自己本来没有亲友、血缘关系的人伸出援助之手。②

2015 年 3 月，全国人大内务司法委员会副主任委员王胜明在记者会上说，在广泛征求意见基础上，《中华人民共和国慈善事业法（草案）》征求意见稿已经形成，对"慈善活动"作了具体界定。该草案中的第一章第三条指出：本法所称慈善活动，是指自然人、法人或者其他组织以捐赠财产或者提供志愿服务等方式，自愿开展的下列公益活动：（1）扶老、助残、恤幼、济困、赈灾等活动；（2）促进教育、科学、文化、卫生、体育、环境保护等活动；（3）维护社会公共利益的其他活动。③

综上可见，虽然各位学者对慈善含义的界定并不一致，但慈善的"自愿利他性"本质都蕴含其中，而且人们对慈善的道德价值也有一定的共识。

2. 慈善事业的含义

慈善事业是个体慈善行为的组织化，是社会广泛参与，慈善组织运作，由社会募捐、项目实施等组成的慈善活动体系。慈善事业的发展，有利于组织和调动社会资源，为完善社会保障体系和发展公益事业提供更广泛的社会支持；有利于调节贫富差距，缓和社会矛盾，维护社会稳定，促进社会公平；有利于弘扬中华民族的传统美德，倡导团结互助、关爱风险的慈善精神，提高公民素质，增强社会责任，激

---

① 王小波：《试论普通人参与慈善事业的意义、影响因素及其途径》，《道德与文明》2006 年第 2 期，第 12 页。

② 《慈善：财富的"第三次分配"》（http：//view. news. qq. com/a/20050520/000001. htm）。

③ 《中华人民共和国慈善事业法（草案）》（http：//hunancs. mca. gov. cn/article/zcfg/201507/20150700842659. shtml）。

发社会活力，增进社会各阶层之间的理解、交流和合作，营造团结友爱、和谐相处的人际关系。

关于慈善事业的含义，学者们的界定有很多。例如，刘景认为，慈善事业是建立在社会捐献基础之上的民营社会性救助事业，它以社会成员的善爱之心为道德基础，以贫富差距的存在为社会基础，以社会捐献为经济基础，以民营机构为组织基础，以捐献者的意愿为实施基础，以社会成员的普遍参与为发展基础。① 总的来说，慈善事业是一种有益于社会与人群的社会公益事业，是在政府主导下的社会保障体系的一种必要的补充，是在政府的倡导或帮助、扶持下，由民间的团体和个人自愿组织与开展活动的、对社会中遇到灾难或不幸的人，不求回报地实施救助的一种无私的支持与奉献的事业。

综上所述，慈善和慈善事业有着密不可分的联系。慈善事业是个人慈善、组织慈善在具体活动和相关政策的系统化支撑下运作实施的综合性体系，而慈善只是慈善事业的一部分。

（二）慈善行为与慈善捐赠

"行为"是心理学中经常使用的词语，它是指人在环境的影响下，引起的内在心理和心理变化的外在反应。狭义的行为指人的外显行为，即可观察到或可测量的个体活动。广义的行为包括外显行为和内隐行为。② 本书中讨论的慈善行为指外在的行为，即狭义的慈善行为。

1. 慈善行为的内涵及分类

关于慈善行为的含义，中国学者从不同角度各持一说。刘新玲认为，慈善行为是一种社会救助行为，是捐助者自愿捐赠其劳动和资产的过程、结果，其目的是实现扶贫济困、安老助孤、帮残助医、支教助学等。同时，该研究者从慈善行为主体角度将其划分为两类，一类是个体行为，指参与慈善活动的公民个人；另一类是组织行为，包括政府、宗教和社会其他团体支持的各种慈善组织以及志愿服务组织。③

---

① 刘景：《试论慈善事业在社会保障体系中的作用》，《社会工作》2007 年第 6 期。

② 《行为的基本含义》（http://blog.sina.com.cn/s/blog_48e627ef010002mp.html）。

③ 刘新玲：《论个体慈善行为的基础》，《福州大学学报》（哲学社会科学版）2006 年第 4 期。

陈新春则认为，个人慈善是针对组织慈善而言的，是公民个人在自愿的基础上，出于善良、友爱之心，无偿地向社会及其他个人提供物质、精神帮助的社会公益行为，其表现形式主要为个人捐赠和志愿服务。如果按照主体的差别来细分，个人慈善又可以分为富人慈善与平民慈善。①

波莫纳大学的埃利诺·布朗（Eleanor Brown）和南加州大学詹姆斯·M. 费里（James M. Ferris）更是从最广泛的角度来界定慈善行为。他们认为个体慈善是为实现公共善而付诸的私人行为，是一个社会发现公共问题并制定策略加以解决的能力的重要标志。②

与学者们的探讨相比，公众对慈善行为的认识则相对狭窄些。在前期研究中，笔者发现：提到慈善行为的含义时，大家往往认为它只是某一群体或个人通过捐款捐物的方式来扶助需要帮助的人，即他们只认为捐款、捐物才是慈善。但在 2007 年 9 月 3 日浙江在线新闻网站中，几位不愿透露姓名的专家称：在《慈善法草案》中，慈善行为除了目前的捐款捐物外，还包括民众的义工行为、社区中的志愿者行为，以及按照自己能力来为他人、为社会、为困难群体进行扶助的行为。③

除了刘新玲对慈善行为种类的划分，美国印第安纳慈善事业中心的凯瑟琳·S. 斯坦伯格和帕特里克·M. 鲁尼（Kathryn S. Steinberg，Patrick M. Rooney）从慈善行为的具体内容入手，将其划分为捐钱、捐食物、捐衣物、献血或志愿服务。④

在本研究中，在综合刘新玲和凯瑟琳·S. 斯坦伯格等所划分的慈

---

① 陈新春：《开发我国个人慈善的途径初探》，《当代经济》2009 年第 10 期。

② Eleanor Brown，James M. Ferris，"Social Capital and Philanthropy：An Analysis of the Impact of Social Capital on Individual Giving and Volunteering"，*Nonprofit and Voluntary Sector Quarterly*，Vol. 36，No. 1，March 2007，pp. 85 - 99.

③ 朱小燕：《专家解读慈善法草案内容：将重新界定慈善行为》（http：//china. zjol. com. cn/05 china/system/2007/09/03/008762858. shtml）。

④ Kathryn S. Steinberg，Patrick M. Rooney，"America Gives：A Survey of Americans' Generosity after September11"，*Nonprofit and Voluntary Sector Quarterly*，Vol. 34，No. 1，March 2005，pp. 110 - 135.

善行为种类的基础上，笔者从行为内容角度将慈善行为划分为捐款、捐物、献血、志愿服务等。

2. 慈善行为与慈善捐赠、捐献的关系

在上文中，笔者已经阐述了慈善的含义。为了进一步探讨慈善与慈善捐赠的区别，笔者先对捐赠进行界定。根据《现代汉语大词典》的解释，捐的本意是"放弃，舍弃"；赠即"赠送"，指"无代价地将财物或称号等给予别人"。这个"别人"是广义的，包括利益相关的亲属朋友。"捐""赠"结合起来是指放弃自己的财产而将其无代价地赠送给他人，这里的"他人"是狭义的，不包括利益相关的亲属朋友。① 可以说，《现代汉语大词典》对慈善捐赠的界定是比较具有权威性的，但并没有指出慈善与慈善捐赠的区别。而亚瑟·C. 布鲁克斯（Arthur C. Brooks）的研究则间接阐述了二者的关系。他认为，慈善是一种自愿的捐赠行为，而捐赠者的动机不是最重要的，慈善依赖于行动而并不在于动机，捐赠的内容主要是金钱和时间。遵循实证主义传统，布鲁克斯认为动机是一种很难测量的因素，捐赠的重点是发生了捐赠行为事实，他更是几乎将慈善与捐赠等同起来。②

基于以上思考，笔者认为既不能将二者等同又不可把二者完全对立，慈善与慈善捐赠既有联系又有区别。首先，捐赠是慈善的一种，即慈善包含慈善捐赠。其次，捐赠也是一种赠送，但主要是无利益相关的不求回报的赠送。因此，慈善与慈善捐赠的主要区别在于，捐赠一定是放弃自己的财产（包括财、物等）并无偿赠送给他人或无偿地为他人提供劳务，而慈善不一定有财产的直接放弃或无偿的劳务服务，如福利彩票、借给他人钱物、收养孤儿等。同时，本研究所指的慈善捐赠主要指捐赠钱物，不包括捐赠时间，因为中国学者一般将"捐赠时间"称为志愿服务。

同时，我们还有必要搞清楚慈善捐赠与捐献的关系。它们都有主

---

① 阮智富、郭现：《现代汉语大词典》，汉语大词典出版社 2002 年版，第 860、2272 页。

② ［美］布鲁克斯：《谁会真正关心慈善》，王青山译，社会科学文献出版社 2008 年版；第 18—20 页。

动舍弃自有财产来行善的含义。不过捐献比捐赠含义更广泛：捐献物既可以是寻常物品，也可以是不同寻常的物品，例如捐献器官；既可以是具体物品，也可以是无形的抽象物品，例如爱心；而捐赠物则往往是寻常物品，且必须是有形的，不能是抽象物。① 本研究中所说的"慈善捐赠"主要是指公民日常生活中对他人的捐钱、捐物行为。

3. 慈善捐赠的分类

关于慈善捐赠的分类，各位学者按照不同标准进行分类。

中国学者中徐麟和赵海林对此问题的研究较为"精细"。徐麟认为，慈善捐赠按照流向可分成三类：向慈善筹款机构的捐款、向慈善执行机构的捐赠、向受助人的直接捐赠；按照发展慈善事业的主体划分，主要有社会形式和个人形式；按照慈善行为发生的频率，分为一次性捐赠和定期捐赠；按照是否有附带条件，分为有条件捐赠和无条件捐赠；按照捐赠内容则分为物质捐助和精神支援等。② 赵海林则从慈善捐赠的轻重缓急程度，将中国当前的个人捐赠分为临时性捐赠、应急性捐赠和合约型捐赠三种模式。其中，临时性个人捐赠包括行政主导型的个人捐赠和同情心支配型的个人捐赠两种。应急性捐赠主要是个人针对重大突发灾难性事件而进行的捐赠：一是因为自然灾害而进行的救灾捐赠，如针对地震、洪水、雪灾等自然灾害而进行的捐赠；二是因为重大突发灾难性公共事件而进行的慈善捐赠，如针对非典而进行的捐赠。合约型捐赠模式是慈善机构向非特定的个人进行筹集善款、物资和志愿服务的一种合约形式，以个人的自愿捐赠为基础，将个人捐赠行为合约化，明确捐赠人与受赠机构的责任和权利，条款明确，在本质上属于一种民事合同，具有法律约束力，且捐赠个人可以将自己捐赠的款物和劳动根据自己的意愿指向确定的他人，即可以选择受助对象和项目。③

---

① 《捐赠和捐献怎么区分》（http://wenwen.soso.com/z/q232647238.htm？ri = 1000&rq = 107084942&uid = 0&pid = w. xg. yjj&ch = w. xg. llyjj）。

② 徐麟：《中国慈善事业发展研究》，中国社会出版社 2005 年版。

③ 赵海林：《个人慈善捐赠模式探析》，《淮阴师范学院学报》（哲学社会科学版）2010 年第 2 期。

外国学者亚瑟·C.布鲁克斯对慈善捐赠种类的划分也为笔者的研究提供了新视角——关注那些非正式的慈善捐赠。他在研究中将慈善捐赠分为正式形式的捐赠和非正式形式的捐赠两类。其中，正式形式的捐赠是指对各类慈善机构进行捐赠；非正式形式的捐赠是指向诸如邻居、朋友和陌生者捐钱，义务献血，在街上给陌生人指路，给无家可归的人施舍食品或钱财等形式的捐赠。①

借鉴学者们对慈善捐赠的分类，笔者按照捐赠行为内容将其划分为四种类型：一是捐赠钱、物；二是捐赠时间（即志愿服务）；三是献血；四是其他（包括买福利彩票等）。在本研究中，笔者将居民捐款行为作为主要研究内容。

（三）居民慈善捐赠与居民慈善捐款

《中华人民共和国慈善事业法（草案）》第四章第三十一条指出：慈善捐赠是指自然人、法人或者其他组织为了实现慈善目的，向慈善组织或者其他受赠人进行的自愿、无偿赠予财产的活动。②

居民慈善捐赠属于个人慈善捐赠，它主要是相对于组织慈善捐赠而言的，是以个人名义向慈善组织或身处困境中的人、群体进行的捐赠。在中国，还存在另一种名义的捐赠，即公众先将捐款交给其所在法人单位，再由法人捐赠者以公众个人名义向慈善组织捐赠。因考虑到人们通过自己所在单位进行捐赠的方式在中国比较平常，本研究把这种方式的捐赠也归纳为居民捐赠。

在本研究中，慈善捐款行为属于慈善捐赠行为中的一种，是指居民个体在精神、情感上对身处困境而需要帮助的人或群体予以支持、同情，并以捐款形式对其提供无偿救助或援助的自愿性行为，这里的自愿是指这种行为并非被强力所迫，它既包括个人与个人之间的捐赠，也包括个人向相关组织的捐赠。

---

① ［美］布鲁克斯：《谁会真正关心慈善》，王青山译，社会科学文献出版社 2008年版。

② 《中华人民共和国慈善事业法（草案）》（http：//hunancs. mca. gov. cn/article/zcfg/201507/20150700842659. shtml）。

二 关于中国居民慈善捐赠行为的研究

关于慈善捐赠问题，学者们首先关注当前个人捐赠现状及其存在的问题，其中以下研究较有代表性。

首先，刘孝龙认为当前中国公众的慈善理念存在偏差，致使公众日常性慈善捐赠的主动参与率低，甚至呈现"个人捐赠冷清"的现象。资料表明，超过半数以上的被调查者认为慈善事业属于政府救济行为，是富人该做的；绝大多数被调查者虽然参加过捐款捐物活动，但主要是在工作单位、学校、所居住街道的组织动员下被动捐赠，主动捐赠的人数很少；大部分公民对慈善事业以及慈善机构不了解，甚至从未听说过。这种理念偏差导致公民慈善活动参与度较低，捐赠积极性不高，更不用说"慈善是全社会共同的事业，每一个公民都有帮助他人的责任和义务"[①]。

其次，当前中国私人捐赠额与国民收入不成比例，私人捐赠积极性不够。据统计，2007 年，中国平民捐赠为 32 亿元，虽然这只是平民捐款，未包括富人捐款，但由于笔者所研究的受访者主要是广大平民，接触富人的概率很小，因此用这个数据更能说明问题。2007 年全国人口总数为 132129 万，故人均慈善捐款为 2.42 元，而 2007 年 GDP 为 249529.9 亿元，因此，测算可知人均捐款占当年人均 GDP 的 0.013%；即使在 2008 年这样一个人们慈善捐款热情被极大激发的年份，中国内地个人慈善捐款额为 458 亿元，2008 年全国人口总数为 132802 万人，人均捐款也仅为 34.48 元，而 2008 年 GDP 为 315274.7 亿元，因此测算可得：人均捐款占当年人均 GDP 的 0.145%。

再次，中国富豪和民营企业家个人捐赠的整体状况与其财富量不成比例。发达国家富豪以参与慈善事业为荣，以此来回馈社会。据《福布斯》杂志公布的"美国慈善榜"统计，10 年内美国富豪的捐赠

---

① 刘孝龙：《我国慈善捐助的现状分析》，《郑州航空工业管理学院学报》（社会科学版）2009 年第 1 期。

总额超过 2000 亿美元，首富比尔·盖茨已经捐出 310 亿美元给"比尔和梅林达·盖茨基金"，约占其净资产的 45%；而在《福布斯》杂志公布的"2004 年中国慈善榜"中，评出的 100 位中国富豪中七成没有在此次慈善榜上出现，而上榜的富豪们的捐赠一般也只占其资产总额的百分之几。中华慈善总会公布的数据表明，富豪捐赠在该会 10 年内收到的慈善捐款中所占的比例不足 15%。①

　　除了上述问题，还有学者综合分析当前中国慈善捐赠呈现的特征。

　　一方面，中国居民的慈善捐赠行为未实现日常化。俞李莉指出，由于中国还没有形成稳定有效的个人募捐渠道，日常性的个人捐赠行为很少，大多数的个人捐赠都是在大灾难发生时产生的突击性捐赠。调查结果显示，86.0% 的个人捐赠者是在大灾难（如非典、洪灾、地震）发生时，只有 6.0% 的捐赠者表示平时就经常向慈善组织捐赠。2008 年汶川大地震发生后，中国民众非常踊跃地参加捐赠，而在平时，他们几乎都不了解中国的各类慈善组织，更别谈日常性地向慈善机构进行个人捐赠了。②

　　另一方面，中国现代慈善捐赠主体格局虽未成型，但在不断发展。自 20 世纪 90 年代末以来，中国慈善捐赠进入快速发展阶段，尤其是 1998 年（洪水灾害）、2003 年（非典疫情）、2008 年（汶川震灾）三个特殊时期，见表 1-1。尽管增速迅猛，但中国慈善捐赠绝对数额以及相对数额仍然较少（远不足 GDP 的 1%），且社会捐款额在平常年份也以一定速度增长。当前，中国慈善捐赠主体格局特征是"企事业单位捐赠为主、个人（家庭）捐赠为辅、遗赠几乎没有"。而现代慈善捐赠格局的突出特征是"以个人（家庭）捐赠为主体、以遗赠与基金会捐赠为辅助、以企业捐赠为补充"③。不过，2008 年的

---

　　①　刘澄、刘志伟、叶波：《改进中国慈善捐赠的制度安排》，《国际经济评论》2006 年第 5 期。

　　②　俞李莉：《中美个人捐赠的比较研究》，《华商》2008 年第 20 期。

　　③　高功敬、高鉴国：《中国慈善捐赠机制的发展趋势分析》，《社会科学》2009 年第 12 期。

慈善捐赠市场仍让我们看到了中国慈善捐赠格局的巨大发展。据北京、上海、成都、重庆、西安等城市的社情调查，90%以上的被访问者均表示向灾区捐过款物。据统计，2008年中国大陆地区公民个人捐款达458亿元①，见表1－2。经笔者测算，将2008年的公民个人慈善捐款额除以当年全国人口数（458亿/132802万人），可知2008年中国内地个人人均捐款为34.48元，它是2007年人均捐款额（2.42元）的14倍，暂时改变了此前中国国内个人捐赠不超过总额20%的格局。

表1－1　　　　　　　　1997—2010年社会捐赠款额

年份	1997	1998	1999	2000	2001	2002	2003	2004	2005	2006	2007	2008	2009	2010
款额（亿元）	4.2	50.2	6.9	9.3	11.7	19.0	41.0	34.0	60.3	83.1	132.8	744.5	483.7	596.8

资料来源：根据2011年《中国统计年鉴》数据整理而得。

表1－2　　　　　　　2008年中国个人捐款情况统计

捐款用途	捐款额（亿元）
南方低温雨雪冰冻灾害	4.21
汶川地震（含特殊党费）	408
"慈善一日捐""春风行动"等大型募捐活动	32
慈善组织接收个人捐赠（汶川地震捐赠除外）	5
其他日常性个人捐赠	9.09
合计	458.3

资料来源：民政部社会福利、慈善事业促进司、中民慈善捐助信息中心所发布的《2008年度中国慈善捐助报告》。

但我们必须清楚地看到，现代慈善捐赠格局的形成还需要经过一个相对较长的发展过程，因此，还需要我们继续努力。例如，美国现代慈善捐赠格局的形成与稳定至少经过了100多年的历史。不过，令人欣慰的是，自改革开放以来，虽然中国现代慈善捐赠事业的发展仅有30多年的历史，但以此发展速度，中国形成现代慈善捐赠格局很

———————

① 民政部社会福利和慈善事业促进司、中民慈善捐助信息中心：《2008年度中国慈善捐助报告》（http://gongyi.sina.com.cn/z/jzbg/）。

可能用不了半个世纪，尤其是进入 2002 年以后，中国慈善捐赠进入了飞速发展阶段，慈善捐赠格局也呈现良好的发展趋势。

当然，中国居民慈善捐赠不仅存在上述问题，还受到一些外部环境的制约。例如，鼓励居民慈善捐赠的政策措施、慈善制度本身存在的弊端（如慈善捐赠动员、激励、监督机制等），慈善机构自身能力建设及公信力遭到质疑等问题，这也是笔者在本研究中需要深入探讨的。

三　关于居民慈善捐赠行为影响因素的研究

通过文献检索，笔者发现学者们对居民慈善行为影响因素的分析角度有很大差异：一方面，他们的研究视角有所不同，有的学者从经济学视角入手，有的学者从心理学视角入手，还有的学者从社会学视角入手；另一方面，有些学者集中研究某一方面的影响因素，另一些学者则是综合分析多种影响因素。

（一）慈善捐赠行为影响因素的综合性研究

中国学者对影响慈善捐赠行为综合因素的探讨以理论层面进行定性研究为主。刘新玲提到，影响慈善行为的因素是多方面的：生存势差为个体慈善行为的社会基础，生活保障乃经济基础，同情与关爱是道德基础，宗教与文化是文化基础，理性财富观是价值基础，制度与氛围为环境基础。以上六个基础构成了慈善行为的三个基本条件，其中生存势差和个体经济状况是决定慈善行为是否发生和能否发生的先决条件，慈善氛围和制度措施是催生人们乐善好施的外部条件，而鼓励向善的文化传统、宗教信仰以及同情、善爱之心和理性财富观念是慈善行为发生不可或缺的道德基础。[①] 此项研究中提到的"道德观、宗教与文化观、财富观、制度措施"等因素，可以为笔者接下来的研究提供借鉴。董文杰则从内外两方面综合分析了影响慈善行为的因素，即人的心理需要、信仰及道德素质等内在因素和文化传统、法律

---

① 刘新玲：《论个体慈善行为的基础》，《福州大学学报》（哲学社会科学版）2006 年第 4 期。

制度、经济和政治等外在因素。① 这些分析虽然从理论上较为全面地解释了影响捐赠行为的因素，但却缺乏有力证据，因此，只能对笔者的研究起到"提醒"作用。不过，这些研究涉及"道德观""制度措施""宗教信仰"等因素，可以为笔者接下来的研究提供重要启示。

当然，也有学者对慈善行为影响因素进行实证研究，且其研究方法具有一定借鉴意义。张楠、张超从供给与需求角度研究了影响个人慈善捐赠的因素，调查结果表明：个人收入水平、税收、捐赠成本和个人偏好是影响个人慈善捐赠供给的主要因素；从捐赠的流向看，大部分捐赠都流向了环境、教育、卫生、公益事业等领域，部分原因是这些领域对捐赠资金需求比较强烈。在其他因素既定情况下，学龄人口、最低保障人口比例较高等都会使捐赠需求增加，且一些特殊事件如洪水、海啸等的发生也会在短期内拉高捐赠需求。同时，政府支出和媒体宣传也会影响捐赠需求与供给。② 此研究所提到的"个人收入""税收"等影响捐赠供给的因素值得笔者考虑，而且他们所强调的"媒体宣传的作用"也在笔者的前期调查中得到了验证。

黄镔云通过调查回乡农民工得出影响他们捐赠的因素：经济收入、家庭负担、家人态度、捐赠物资管理规范、政策导向、其他捐赠人士的示范作用等。③ 尼利·班达普迪（Neeli Bendapudi）等指出影响居民捐赠行为的因素包括经济和社会环境两大方面，具体而言：面对面捐赠与电话捐赠的捐赠数额有显著差异；人们对慈善组织的认识会影响捐赠；好的广告宣传会促使人们捐赠等。④ 该研究启发笔者：要研究慈善捐款行为的影响因素，可以考虑慈善宣传和人们对慈善组织的认识两个因素。

---

① 董文杰：《影响慈善行为因素分析及改进措施》，硕士学位论文，陕西师范大学，2009 年。

② 张楠、张超：《我国个人捐赠消费影响因素探讨》，《消费导刊》2008 年第 4 期。

③ 黄镔云：《福建省部分农村进城务工人员回乡捐赠行为研究》，硕士学位论文，厦门大学，2007 年。

④ Neeli Bendapudi, Surendra N. Singh, Venkat Bendapudi, "Enhancing Helping Behavior: An Integrative Framework for Promotion Planning", *The Journal of Marketing*, Vol. 60, No. 3, Jul. 1996, pp. 33 – 49.

这些学者从综合角度进行分析的研究思路，也是本研究的基本思路。除此之外，笔者还会把比较各影响因素的大小作为研究重点。但是，由于专题性研究往往更加深入，结论也较为具体，笔者接下来将重点综述有关慈善捐赠行为影响因素的专题性研究及其成果。、

（二）慈善捐赠行为影响因素的专题性研究

1. 慈善认知对居民慈善捐赠行为的影响

慈善作为人类社会最悠久的文化传统之一，慈善认知水平决定一个社会的慈善发展状况，而居民慈善认知或居民对慈善的理解也会随着社会文明进步而不断地发展。目前，学者对这个问题的研究一般都以"慈善意识""对慈善的理解""对慈善的认识"等为主题展开。

吴燕在其文章中提到：社会转型时期，传统社会中"乐善好施、扶贫济困"的优良传统逐步被遗弃，许多人对慈善捐赠存在一定的认识误区和观念障碍，很多人认为慈善事业是政府的义务和责任，是富人的事情，而"熟人文化"、慈善机构公信力不佳等因素又制约了居民慈善意识形成，即"熟人文化"使人们习惯直接资助有困难的亲戚、朋友、邻居等，而不习惯于现代意义的慈善，即通过慈善机构资助陌生人。同时，由于电视、报纸等新闻媒体频繁组织不规范的募捐活动，公众在思想上容易出现"道德疲倦"，参与捐赠的积极性普遍不高，尤其是有些人利用人们的同情心牟取私利，某些"慈善骗局"在媒体上频繁曝光，致使公众对慈善捐赠变得日益谨慎起来，害怕自己的善良和爱心受骗。[1] 王小波除了看到慈善意识以及传统慈善观念对慈善发展的阻碍外，还看到了中国民间慈善活动浓厚的乡里情结和亲族情结所导致的慈善事业的封闭性和内敛性，以及这种传统观念对现代慈善带来的负面影响。[2] 与此同时，王来柱在其研究中则直接指

---

[1] 吴燕：《重视个人捐赠，促进慈善事业可持续发展》，《西安财经学院学报》2008年第1期。

[2] 王小波：《试论普通人参与慈善事业的意义、影响因素及其途径》，《道德与文明》2006年第2期。

出了熟人慈善应向现代公民慈善转化的趋势。①

除了上述研究，何汇江认为捐赠者的慈善意识、财富基础和文化氛围等是促成西方国家发达社会慈善事业发展的原因。②

上述几位研究者都承认慈善意识对居民慈善捐赠存在影响，也都看到了传统慈善中"熟人慈善""熟人文化"对居民慈善意识和慈善积极性的影响，还提及了当前居民慈善意识普遍较弱的现状，因此，笔者会在问卷中设置有关题目对中国城市居民的慈善认知状况展开研究。

除了上述研究，还有学者专门针对居民慈善意识状况进行实证研究。杨明伟通过对济南市223名常住人口开展公民慈善意识问卷调查，展示了被调查者对慈善事业的认识和了解情况、相关外部因素的影响以及由此催生的慈善行为倾向特征。调查表明，大部分被调查者对慈善事业的功能、性质都有比较理性的认识，明确地认识到了慈善事业和商业活动之间的区别，这对于形成理性的慈善意识是非常重要的；虽然大部分被调查者意识到发展慈善事业需要社会各个方面的共同参与，但仍然有部分被调查者把发展慈善事业的希望寄托在政府身上。③ 可以说，该调查中有关公民慈善意识的测量题项的设计较为精巧，对笔者启发较大。

综上所述，文献中有关公民"慈善意识""对慈善的理解""对慈善的认识"等词语频繁出现，在不断的词语变换中却不知哪种表达最贴切，尤其是加入"慈善文化"时，更让人觉得界定不清晰。因此，笔者将探讨"慈善认知"的界定范围，以使问题清晰明了。

其实，笔者也曾对慈善认知问题进行实证研究。通过调查辽宁省14个地级城市的城市居民，了解居民对慈善行为内容、对慈善作用的认知状况，分析慈善认知对居民具体慈善行为的影响，进而有针对性

---

① 王来柱：《中国需要从"熟人慈善"走向"公民慈善"》（http://news.sohu.com/20051129/n227616541.shtml）。

② 何汇江：《慈善捐赠的动机与行为激励》，《商丘师范学院学报》2006年第3期。

③ 杨明伟：《公民慈善意识及影响因素分析——在济南市的调查》，硕士学位论文，山东大学，2007年。

地提出提高居民慈善认知水平的对策。在此研究中，大多数人认为捐款、捐物、献血、做志愿服务、收养孤儿是慈善行为，少数人认为给乞丐钱物、买福利彩票是慈善行为，且通过人口统计学因素与慈善内容进行交叉表分析发现：不同群体的受访者对慈善行为内容认知不同。同时，研究发现，民众对慈善作用的认知还未成熟：有的人完全抛开自己对社会应尽的责任；有的人要么夸大慈善的作用，要么忽视慈善的作用，尤其是把慈善与社会保障体系联系到一起时，居民的认知更是趋向"模糊"。① 不可忽视，此研究还存在一些不足，如对慈善认知的界定过于狭窄。

有关居民对慈善内容的认识，国外也有类似研究。圣弗朗西斯克大学的迈克尔·奥尼尔（Michael O'Neill）研究发现：在加利福尼亚，57%的人捐钱或物给别人，73%的人为别人贡献时间，志愿者每周为慈善组织服务 8.5 个小时。同时，有近 60% 的家庭为失去家园的人们、需要帮助的朋友、邻居和不太近的亲戚以及美国以外的人们贡献一些钱物和物品。近 75% 的人们花费时间去帮助个体，包括情感上的支持、提供交通工具甚至帮助别人做家务，迈克尔将其称为非正式慈善。②

综上所述，现有学者对居民慈善认知问题的研究也算丰富，不仅有理论研究，还有经验研究，但也存在不少问题，尤其是在如何界定慈善认知内涵并探讨它究竟如何影响个人慈善捐赠方面。

2. 慈善价值观对居民慈善行为的影响

慈善事业本质上是一种道德事业，它需要法律、制度的保障，更需要文化的涵养与支撑。现代慈善价值观是现代慈善事业倡导的理念，将它更深入、更广泛地渗入公众意识中，这是慈善事业发展初级阶段的一项重要任务，也是塑造积极开放的慈善文化的基础内容。居民慈善作为慈善事业的基石，目前各位学者对居民慈善问题的研究较

---

① 张进美、刘武：《城市居民慈善认知状况及应对策略分析——以辽宁省 14 市数据为例》，《社会保障研究》2010 年第 6 期。

② Michael O'Neil，"Research on Giving and Volunteering：Methodological Considerations"，*Nonprofit and Voluntary Sector Quarterly*，Vol. 30，No. 3，September 2001，pp. 505 - 514.

多，笔者在前文已经阐述过，但有关居民慈善价值观问题的研究则较少，至于慈善价值观与慈善行为关系问题的探讨更是没有。

当笔者以"慈善价值观"为主题进行检索时发现，王银春、汤仙月等人是慈善价值观问题的主要研究者。王银春主张建构中国特色社会主义慈善观，大力发展慈善事业意义重大。但是，当前构建中国特色社会主义慈善观主要面临三大困境，对此，需要积极扬弃中西方慈善伦理思想，构建纯粹慈善理念观下的多元慈善观。① 由于此研究较为宏观，没有明确指出慈善价值观的内涵或内容，因此，它只能为笔者接下来的研究提供研究角度上的借鉴。汤仙月认为，当前我国慈善价值观中存在二元悖论，阻碍了我国慈善事业的健康发展。具体而言，其一，个人美德与社会责任相冲突；其二，施予与尊重间存在悖论；其三，施善与回报间也存在悖论；其四，志愿性与强迫性的悖论。② 同时，在另一篇文章中，汤仙月除了肯定我国目前慈善价值观存在二元悖论外，还提出：只有确立以人为本的慈善价值观，才能跨越当前慈善价值观中存在的二元悖论，而"以人为本"的慈善价值观包括和谐社会观、社会责任观、现代财富观等。③ 该研究者所说的"美德""道德""责任"等价值观正是笔者前期预调查中不少受访者经常提到的"捐款理由"，因此，笔者将把慈善价值观纳入正式问卷调查内容。

此外，还有少数学者对慈善价值观问题进行了问卷调查研究。陈伦华和莫生红指出，所谓的公民"慈善价值观"，就是为公民的慈善行为提供动力和导向的文化价值观念。同时，他们调查发现：公民慈善价值观呈现多元性且受中国传统伦理文化的影响。其中，有45.4%的公民认为自身慈善的动机是"对不幸者的同情"，有15%的人认为自身慈善的动机是"积德修福，相信'善有善报'"。他们指出，中

---

① 王银春：《中国特色社会主义慈善观建构的伦理反思》，《思想理论教育》2011年第9期。

② 汤仙月：《论我国转型期慈善文化的构建——以中西慈善文化比较的视角》，《南方论坛》2010年第6期。

③ 汤仙月：《我国慈善事业的困境及其转型》，《东方论坛》2010年第3期。

国传统伦理文化的核心是儒家的"仁"。仁者，"己欲立而立人，己欲达而达人"，"己所不欲，勿施于人"，总之，仁者"爱人"。儒家的"仁爱"区别于西方基督教的"博爱"，儒家"仁爱"的依据不是来自超验世界的神或上帝，而是来自世俗世界的人与人之间的"同情之心"。孟子说，"恻隐之心，仁之端也"。因此，儒家伦理是一种情感伦理，特别重视同情心的道德价值。在同情之心基础上的"仁爱"，有一个由近及远、由亲及疏的发生序列，其"普惠性"远不及建立在信仰基础上的"博爱"。这就不难理解，"对不幸者的同情"成为公民慈善行为的第一动因，为什么救助"熟人"的慷慨程度远远大于救助"陌生人"。中国传统伦理文化仍然深刻影响着公民的慈善价值观，而与市场经济相联系的理性义务观、理性财富观等，并未上升为主导性的价值观。[①] 简言之，由于"对不幸者的同情"，"积德修福，相信'善有善报'"两个选项得到多数受访者的青睐，且其对"同情心、积德修福"等观点的论述较为深刻，因此笔者将设置相关问卷题项进行研究。

　　3. 慈善捐赠过程及机制对居民慈善行为的影响

　　邓国胜指出中国自愿性捐赠严重欠缺的原因：一是国内捐赠文化；二是国内捐赠制度的缺位；三是中国民间慈善组织公信度不高。[②] 蔡勤禹等则认为慈善捐赠机制完善与否会影响个人和企业捐赠，并指出慈善捐赠机制是慈善捐赠过程中各个环节之间相互作用的过程和方式，它包括捐赠动员、激励和监督几个因子。[③] 孟兰芬更是明确指出行政命令和硬性摊派会挫伤民众捐赠积极性。[④] 同时，捐赠过程中的信息沟通问题也必不可少：胡明伟就曾针对 2008 年汶川地震后民众

---

　　① 陈伦华、莫生红：《从问卷调查看我国公民的慈善价值观》，《现代经济（现代物业下半月刊）》2007 年第 6 期。

　　② 邓国胜：《非营利组织评估》，社会科学文献出版社 2001 年版。

　　③ 蔡勤禹、江宏春、叶立国：《慈善捐赠机制述论》，《苏州科技学院学报》（社会科学版）2009 年第 1 期。

　　④ 孟兰芬：《倡导平民慈善的意义及其实现途径》，《吉首大学学报》（社会科学版）2007 年第 4 期。

对"善款的使用及去向"普遍关注的状况，提出公开慈善捐赠信息的必要性问题；① 新浪网所发布的《中国公众公益捐赠现状调查报告》也表明，75.7％的受访者关注捐款使用情况。② 可见，这些研究都发现了捐赠过程中存在的某些问题，因此，解决这些问题就成为重中之重。其实，在笔者看来，慈善捐赠过程无非就是一个动员、激励、监督、反馈的过程，因此，笔者将在调查问卷中设置有关这三个环节的题项来"对症下药"。

除了上述研究，笔者认为还应加强对捐赠信息宣传方面的研究，尤其是如何实施有效的慈善宣传以激发更多人参与到慈善捐赠活动中。

4. 鼓励居民慈善捐赠的政策措施对居民慈善捐赠行为的影响

不少中国学者从政策角度来研究其对居民慈善捐赠行为的影响，关注点主要集中在有关激励慈善捐赠的法律法规和政策，尤其是税收优惠政策。

一方面，有些学者通过对不同国家进行国际比较来凸显中国现有税收优惠政策的缺陷。江希和将中国现行慈善捐赠的所得税政策规定与一些国家或地区（美国、英国、德国、日本以及中国台湾）的税法中涉及慈善捐赠的规定进行比较，指出中国现行政策的缺陷并提出一些原则性建议。③ 靳东升总结了国际上有关捐赠的四种不同税收政策：减免、抵免、受益方案和指定方案，指出中国对捐赠采取税收抵免的办法虽比较成功，但也有不足之处：一是只允许通过指定的机构捐赠；二是税收抵免限额较低，这些不足在一定程度上限制了企业和个人向非政府组织捐赠的积极性。④ 冯俊资不仅描述了美国、德国、日

---

① 胡明伟：《"5·12"慈善捐赠信息公开的必要性及对策研究》，《山西档案》2010年第1期。

② 《中国公众公益捐赠现状调查报告》（http://gongyi.sina.com.cn/jzdiaocha/index.html）。

③ 江希和：《有关慈善捐赠税收优惠政策的国际比较》，《财会月刊（综合）》2007年第7期。

④ 靳东升：《非政府组织所得税政策的国际比较》，《涉外税务》2004年第10期。

本等促进慈善事业发展的税收政策，还比较了这些国家慈善捐赠税收优惠政策的优点，并对中国个人对税收优惠认识与评价进行了调查，着重论述了中国慈善捐赠税收优惠政策存在的问题，最终提出优化中国慈善捐赠税收优惠政策的对策。[①]

另一方面，除了比较现有税收优惠政策外，王锐更明确了税收政策对慈善捐赠的影响力。他认为中国政府对慈善捐赠制度环境的影响、激励捐赠的税收政策、对慈善组织的监管制度三个方面初步形成了中国慈善捐赠制度发展的正式法规政策约束环境。[②]

国外学者主要从实证角度展开研究。杰拉尔德·E. 奥腾（Gerald E. Auten）等通过利用横面研究来估计当前收入和当时价格对慈善捐赠产量的永久和暂时性影响；[③] 亚瑟 C. 布鲁克斯则通过一系列文献和数据来研究个人和公共部门间的互动，研究显示：私人捐赠常受税收改革、个人所收到的社会福利金、政府对非营利活动提供的资金支持等消极影响。[④]

可见，中国学者主要关注的是中国现有税收优惠政策在鼓励个人捐赠方面存在的问题。那么，广大居民在慈善捐赠时是否考虑税收优惠政策问题？例如，是否是为了减免税收而捐赠？捐赠时有没有索要发票？是否知道如何办理税收减免手续？等等，笔者认为，只有搞清楚这些问题，才能为税收优惠政策的完善提供改进策略。因此，笔者会在问卷中设置相关题项来测量。

5. 慈善组织公信力对居民慈善捐赠的影响

慈善组织在个人和企业慈善捐赠过程中起着重要作用。那么，慈善组织对个人慈善捐赠存在何种影响？杨优军、刘新玲认为，在中

---

① 冯俊资：《慈善捐赠的税收优惠政策研究》，硕士学位论文，暨南大学，2010年。

② 王锐：《论中国慈善捐赠的制度环境》，硕士学位论文，中国政法大学，2008年。

③ Gerald E. Auten, Holger Sieg, Charles T. Clotfelter, "Charitable Giving, Income, and Taxes: An Analysis of Panel Data", *The American Economic Review*, Vol. 92, No. 1, March 2002, pp. 371 -382.

④ Arthur C. Brooks, "The effects of public policy on private charity", *Administration & Society*, Vol. 36, No. 2, May 2004, pp. 166 -185.

国，无论是官方还是民间的慈善组织，都存在制约民众参与捐赠的问题：一是慈善组织数量少，不深入民众；二是慈善组织筹款机构、执行机构职能不清，效率低下，缺乏公信。① 崔树银和朱玉知更是针对2008 年汶川地震后公众对有些慈善组织信任程度降低以及公众要求慈善组织公布善款使用情况的呼声越来越高的情况下，分析出慈善组织公信力不足的原因：一是缺少规范慈善组织的法律，二是慈善组织官办色彩浓，三是慈善组织缺乏使命感，四是慈善组织信息不公开。② 同时，方贵跃也认为，慈善组织公信力缺失、慈善捐赠的回报机制不健全以及慈善组织劝捐策略匮乏等都是造成中国慈善捐赠不足的原因。③

上述中国学者的研究都提到因慈善组织存在问题而造成居民慈善捐赠不足，但哪些问题对居民捐赠的影响最大？应如何完善慈善组织以促进更多人捐赠？这些问题都还需继续探讨。

国外学者通过实证调查来进一步分析慈善组织现状。纽约大学的保罗·C. 里赫特（Paul C. Light）通过对 1001 个美国人进行电话调查来研究居民对慈善组织的信任问题。调查内容包括善款花费情况、运作项目和提供服务情况、助人情况、公平决断情况等，同时，每个受访者都被问到"慈善组织的每项任务怎样"这个问题。最后，研究者还提出重建民众对慈善组织信任的建议。④

6. 他人与个人关系对居民慈善捐赠的影响

在慈善捐赠过程中，好多人的捐赠并未经过"深思熟虑"或"周密计划"，而是偶然受到他人动员，甚至在某个特殊场合受到"某种触发"而捐赠。因此，他人对居民慈善捐赠的影响不容忽视。

秦东和郑乐平曾围绕该问题进行探讨。秦东在分析慈善行为受阻

---

① 杨优君、刘新玲：《社会转型期我国公民慈善捐赠现状分析》，《学会》2007 年第10 期。

② 崔树银、朱玉知：《慈善组织的公信力建设浅析》，《社会工作》2009 年第 4 期。

③ 方贵跃：《我国慈善捐赠机制探析》，硕士学位论文，厦门大学，2009 年。

④ Paul C. Light, *How Americans View Charities*: *A Report on Charitable Confidence*, 2008, Washington: *Governance Studies at Brookings*, 2008, pp. 2 – 8 (www. brookings. edu).

原因时指出，从社会层面上看，社会原子化状态使权力更加不均衡，加强了个体弱势。正是这样的影响使部分群体占有了社会较多财富，而其他群体则处在需要人救助的境地，同时，还加强了人际关系冷漠，导致普遍性的社会冷漠和社会公德等丧失，使人们之间缺乏爱心。[①] 郑乐平也指出，志愿参与和慈善捐赠等合作活动，以及与其他人合作解决社区问题，在很大程度上依赖于亲社会价值、信任和社会动员。[②] 清华大学的吴诗莹（Shih - Ying Wu）等认为，个人慈善行为依赖于其他人的行为，因为慈善赠予具有公共物品的属性，而且一个人的捐赠量取决于他人赠予的总量。他采用从台湾调查的家庭收入和支出数据分析同辈（即参照群体）对个人慈善捐赠效应的影响。研究显示，同类家庭的慈善捐赠决策既影响受访家庭的捐赠决策，又影响他们的捐赠量。[③]

国外学者对这一问题的探讨并不多。波莫纳大学的埃利诺·布朗通过电话调查搜集了 3003 个样本以研究社会资本、人力资本和宗教信仰这三大因素对个体慈善行为的影响。他通过因子分析提取出社会资本的两项指标：个人的社会关系网、个人对他人和所在团体的信任。然后把这两项指标加入宗教性捐赠、非宗教性捐赠和志愿服务维度中。最终证实，社会资本在解释个人慷慨性方面具有重要作用。[④]

上述研究除了探讨他人动员和人际关系对居民慈善捐赠的影响外，还提到社会信任对捐赠的影响，但只涉及了人际信任。因此，笔者认为还应考虑居民对慈善制度、对受捐赠者乃至对慈善组织等的信任。

---

① 秦东：《"慈善行为"受阻的非经济因素分析》，《社科纵横》2008 年第 1 期。

② 郑乐平：《如何提高社会志愿参与度》，《社会观察》2006 年第 5 期。

③ Shih - Ying Wu, Jr - Tsung Huang, An - Pang Kao, "An Analysis of the Peer Effects in Charitable Giving: The Case of Taiwan", *Journal of Family and Economic Issues*, Vol. 25, No. 4, 2004, pp. 488 - 497.

④ Eleanor Brown, James M. Ferris, "Social Capital and Philanthropy: An Analysis of the Impactof Social Capital on Individual Giving and Volunteering", *Nonprofit and Voluntary Sector Quarterly*, Vol. 36, No. 1, March 2007, pp. 85 - 99.

　　7. 人情随礼行为及其影响因素分析

　　古语"礼尚往来"强调我们要在礼节上有来有往。而在现代社会，"礼尚往来"则被曲解为：在礼物交换或随礼往来中有来有往，即"礼上往来"。礼物流动和随礼行为又作为一种社会行动或社会互动，成为人们用以建构个体与个体、个体与团体、个体与社会之间的关系网络。如此普遍存在的社会行为，使礼物及伴随着礼物流动的随礼行为成为社会学与人类学关注和研究的重点问题之一。虽然人情随礼文化在中国不可忽视，但是，人情随礼与慈善捐款行为的联系问题还未引起学者的关注，因此，笔者主要综述学者们对居民人情随礼行为及其影响因素的研究状况。

　　一方面，有的学者通过实证研究论述人情随礼状况及其存在的弊端。陈浩天指出，人情的消费过程是消费主客体物质和精神需求得到满足的心理体验。他以河南省 10 个村 334 个农户为例，通过问卷统计和深度访谈，从农村人情消费主体和标准、人情消费域、消费方式和规模、消费心理几个视角深层剖析我国人情消费的现状。研究表明，现阶段农村以血缘和地缘为主的消费动力有所松动，"理性"消费趋势上扬；伴随人口流动的扩大，人情消费范围不断延伸，消费媒介呈现货币化趋势；人情消费主体心理呈现"亚健康"状态，人情消费负担总体相对较重。[1]

　　另一方面，有些研究者探寻人们在随礼时所坚持的原则或心理特征来研究人情随礼的影响因素。翟清菊以上海郊区农村为个案，考察婚礼、生育礼、丧礼三种生命礼仪，借助农民家庭的礼单记录，透过村民与其家庭关系网络之间的礼尚往来，重点关注三种仪式性场合不同的参与者及其随礼状况，呈现农民家庭的人情关系网络构成，总结归纳农民随礼行为背后的互惠原则——"情""理"合一。[2] 陈浩天在其研究中也着重指出广大农户人情消费时的心理特征：从众心理、

---

　　① 陈浩天：《城乡人口流动背景下农村地区人情消费的行为逻辑——基于河南省 10 村 334 个农户的实证分析》，《财经问题研究》2011 年第 7 期。

　　② 翟清菊：《仪式与礼单：农民随礼行为中的互惠原则——基于上海市奉贤区 N 村的实证研究》，硕士学位论文，华东师范大学，2011 年。

回报心理、投机（投资）心理、面子心理、感情心理和风俗习惯等。① 牛娜认为影响农村家庭人情消费行为的因素分别是人情圈、传统消费心理、家庭经济和家庭类型四类，其中，根据血缘关系的远近可把人情圈划分为三个等级：核心亲属、外围亲属、本不属于亲戚的其他人；传统消费心理又可划分为：攀比心理、从众心理、补偿心理、虚荣心理、敛财心理、投机心理等。② 可见，陈浩天和牛娜的研究都提到了农户人情随礼时的"补偿心理、投机心理、从众心理"等心理特征，这为笔者以后的研究提供了借鉴。综合这几位学者的研究，笔者认为，人情消费离不开"有感情""投机"（投资）等心理因素的促使，也离不开"礼尚往来"的驱动，因此，笔者将在问卷中设置"人情随礼"变量并对其影响展开研究。

8. 人口统计学因素对居民慈善捐赠行为的影响

中国学者从人口统计学角度来分析居民慈善捐赠行为的研究虽然不多，但他们通过实证调查进行研究的做法对笔者以后的研究有非常大的借鉴意义。

刘艳明通过调查长沙市 P 社区居民的慈善捐赠情况，发现其捐赠行为受到很多因素影响：一是社区居民自身因素（社区居民收入、文化程度等）；二是政策法律法规、慈善组织运营、社区层面的影响等外部因素。研究发现：捐赠者的性别、年龄、职业、宗教信仰等变量对捐赠行为影响不大。但捐赠者的经济收入、学历与慈善捐赠数额呈正相关，如居民个人月收入越高，其平均捐款数额越高。同时，社区居民的学历与平均捐款数额呈正相关，相关系数为 0.358，即居民学历越高，其所捐款平均数额越高。再者，居民所感知的法规政策的健全程度与平均捐赠数额也具有相关性，相关系数为 0.652。③

---

① 陈浩天：《城乡人口流动背景下农村地区人情消费的行为逻辑——基于河南省 10 村 334 个农户的实证分析》，《财经问题研究》2011 年第 7 期。

② 牛娜：《农村家庭人情消费行为的影响因素分析》，《江西农业大学学报》（社会科学版）2010 年第 1 期。

③ 刘艳明：《居民慈善捐赠行为研究——以长沙市 P 社区为例》，硕士学位论文，中南大学，2008 年。

　　刘武等借助 CATI 技术调查辽宁省 787 位城市居民的慈善行为，采用独立样本 T 检验及单因素方差分析方法研究人口统计学因素对慈善行为的影响。研究发现：在人口统计学各主要因素中，对居民慈善行为影响显著的因素依次为文化程度、政治面貌和家庭收入，而性别、年龄、婚姻状况和职业则对居民慈善行为无显著影响。据此，研究者提出促进城市居民慈善行为的建议：加大教育投入，提高教育质量；发挥党员的模范带头作用；提高经济收入水平，鼓励高收入群体参与慈善活动；等等。[①]

　　罗公利等调查表明，居民月均收入、对慈善活动的了解程度、文化程度、年龄、亲朋好友的鼓动、慈善机构的沟通度、对以民间力量为主发展慈善事业的认可度、对慈善机构的了解程度、法律法规等九项因素都与居民年均捐赠量呈正相关，且这种影响又以月均收入、文化程度和亲朋好友的鼓动最为强烈。[②]

　　与上述研究相同，本研究也以普通居民为调查对象，因此，上述结论也成为本研究应检验的研究假设，即性别、年龄、婚姻状况、收入、政治面貌、职业等人口统计学因素各自对居民慈善捐赠行为的影响程度。

　　除了个体角度，还有学者以家庭为单位进行研究。蔡佳利通过研究家庭捐赠认知和行为倾向，了解影响家庭捐赠行为的相关因素。研究发现，家庭中最主要经济收入者为一个家庭的代表人口，其个人年龄、婚姻状态、教育程度、是否为公职人员等因素对以家庭为单位的捐赠行为决策及捐款额度有相当程度的影响力；"是否有房贷"及"都市化"因素则会影响家庭可支配所得及捐款意愿；"抚养人口数"为家庭捐赠行为的负影响因子，"储蓄习惯"促使家庭未来有更好的经济状况可以帮助别人。[③] 尽管该学者的研究方法对笔者以后的研究

---

　　① 刘武、杨晓飞、张进美：《城市居民慈善行为的群体差异——以辽宁省为例》，《东北大学学报》（社会科学版）2010 年第 5 期。

　　② 罗公利、刘慧明、边伟军：《影响山东省私人慈善捐赠因素的实证分析》，《青岛科技大学学报》（社会科学版）2009 年第 3 期。

　　③ 蔡佳利：《家计单位捐赠行为之研究》，硕士学位论文，台湾世新大学，2005 年。

提供了借鉴，但它以家庭为单位来探讨慈善行为的影响因素，而家庭和个体是完全不同的概念范围，两者有不同的特点。

国外学者对此问题的研究较为细致，研究内容也较丰富：美国雪城大学的两位研究者就曾使用非营利基金筹集会执行者所采集的面访数据和对 Atlanta 居民的调查数据，分析人口统计学特征和经济特征对人们捐赠的影响。这些影响因素包括：年龄、性别、婚姻状况、民族、人种、宗教信仰、政治理想、教育程度、收入、财富以及税收政策等。具体而言：年龄与捐赠相关性最强；女人比男人更具有利他性，男性出于宗教原因而捐赠的可能性比女性要小，女性可以作为非营利组织管理者和基金筹集者最优先考虑的群体，因为她们在乎税收，又会因为宗教原因而捐赠；民族和道德也是重要因素；参加教堂活动会增加宗教捐助的形式，而不同地区由于宗教信仰不同也会影响捐赠，且不仅宗教信仰和参加宗教活动会影响捐赠数量；文化程度和教育、收入也直接与之相关；政治和文化理想比较自由的地区比保守地区的捐赠率要高；婚姻与捐赠相关，但不是影响捐赠的最重要的指标；同时，该研究还发现：受访者的捐赠额会随着工资收入增高而降低，但会随着捐赠参与次数的增加而增加。[1]

圣弗朗西斯克大学的迈克尔·奥尼尔调查了 2406 个加利福尼亚的成年人发现：个人慈善行为与其文化程度、宗教信仰等有很大关系，而且志愿者比非志愿者的捐赠数量要多。[2]

格雷格·派铂（Greg Piper）等在研究中得出：女性比男性更可能去捐赠，但这并不归因于他们不同的背景因素，如年龄和收入；对单身者而言，女性和男性相比，90% 的女性会捐赠；对已婚者而言，相同背景特征的已婚女性比男性会捐赠更多；男性和女性做慈善的原因

---

① David M. Van Slyke and Arthur C. Brooks, "Why Do People Give? New Evidence and Strategies for Nonprofit Managers", *American Review of Public Administration*, Vol. 35, No. 3, September 2005, pp. 199 – 222.

② Michael O'Neil, "Research on Giving and Volunteering: Methodological Considerations", *Nonprofit and Voluntary Sector Quarterly*, Vol. 30, No. 3, September 2001, pp. 505 – 514.

各不相同。①

伦敦城市大学的丽塔·昆塔斯（Rita Kottasz）调查了217名年龄在40岁以下、年收入在5万英镑以上且在伦敦市工作的受访者的慈善捐赠态度和行为，这些受访者包括银行投资者、会计、律师等受访者对慈善捐赠的态度和行为。研究发现，女性和男性捐赠者存在重大差异：男性对捐赠给艺术部门更感兴趣，以此获得节日庆典和半正式晚宴的邀请；女性更倾向于捐赠给公众以获得社会认可。此研究还发现：女性比男性更富有同情心和利他性；女性对如何精确使用其所捐赠善款更感兴趣；女性对富有感情的慈善广告的回应要大于那些单纯的数据信息；女性花在慈善捐赠上的可支配收入比男性多，尽管她们可能没那么多钱。②

詹姆斯·安德鲁尼（James Andreoni）等探讨已婚家庭中"慈善捐赠的决策者"如何影响家庭成员的慈善捐赠：在只有一个孩子的家庭，男人和女人对慈善捐赠有不同的"品位"，甚至会引发夫妻发生冲突。但研究也发现，最终捐赠时，已婚夫妇往往会通过"支持丈夫的捐赠偏好"的方式来解决冲突。经过讨价还价后的慈善捐赠往往会比先前仅让一方配偶说了算时的预期捐赠减少6%。而当妻子是捐赠的决策者时，她对善款的分配也有较大差异——捐赠更多钱而不是更少。③

美国印第安纳大学慈善事业中心的学者凯瑟琳·S. 斯坦伯格和帕特里克·M. 鲁尼是研究大型灾难后的慈善行为的典型代表。他们进行频数分析发现：在所有成年受访者中，65.6%的人说他们自己或者

① Debra J. Mesch, Melissa S. Brown, Zachary I. Moore, Amir Daniel Hayat, "Gender Differences in Charitable Giving", *International Journal of Nonprofit and Voluntary Sector Marketing*, Volume 16, Issue 4, November 2011, pp. 342 – 355.

② Rita Kottasz, "Difference in the Donor Bahavior Characteristics of Young Affluent Males and Females: Empirical Evidence From Britain", *International Journal of Voluntary and Nonprofit Organizations*, Vol. 15, No. 2, June 2004, pp. 181 – 201.

③ James Andreoni, Eleanor Brown, Isaac Rischall, "Charitable Giving by Married Couples: Who Decides and Why Does it Matter?", *The Journal of Human Resources*, Vol. 38, No. 1, 2003, pp. 111 – 133.

他们的家庭曾向慈善机构捐款来应对灾难。在捐款的家庭中，其平均捐赠量为133.72美元，中位数为50美元，74%的家庭捐款100美元左右。若把所有家庭都纳入考虑中，则每个家庭的平均捐赠额为85.41美元，中位数是25美元。多因素方差分析表明：收入、教育、宗教信仰是影响慈善捐赠的决定因素，而性别、宗教信仰是受访者是否做志愿服务的决定因素。[1]

以上研究揭示了各人口统计学因素对个体慈善行为的影响，这对本研究有较大的借鉴意义。同时，值得注意的是，关于人口统计学因素，国外学者的概念外延比中国学者更宽泛——将种族、移民身份、宗教信仰等纳入其中。关于信仰问题，笔者认为也可以对居民进行调查，这是因为，虽然中国人的宗教信仰不如国外那样普遍，但仍有部分信教群众，而且还有部分人信仰神灵、祖先等，但这些信仰是否会影响广大居民的慈善行为尚需进一步探讨。

综上所述，尽管学者们对居民慈善捐赠行为进行了一些理论和实证研究，但这些研究往往只局限于现象分析，缺乏有力的理论指导和概括，未能深刻揭示影响居民慈善捐赠行为的主要因素；同时，这些研究多从某一较为狭窄的侧面入手展开，难免管中窥豹，而许多"视野开阔"的"宏大研究"又多属于"坐而论道"，缺少一手经验资料的支持；到目前为止，尚未见到基于成熟理论的、较为全面的实证研究，而这恰为笔者留出了广阔的研究空间。

第三节 研究目的和意义

一 研究目的

中华民族是一个热情仁爱、乐善好施的民族，有着悠久的亲善文

---

[1] Kathryn S. Steinberg, Patrick M. Rooney, "America Gives: A Survey of Americans' Generosity after September11", *Nonprofit and Voluntary Sector Quarterly*, Vol. 34, No. 1, March 2005, pp. 110 – 135.

化传统，但多局限于亲属邻里之间，对陌生人的慈善捐赠行为却较缺乏。且纵观古今，中国人民的慈善热情在日常生活中表现较少，往往在灾难发生后表现得更为明显，尤其是"5·12"汶川地震发生后，社会各界人士纷纷捐款捐物投入抗震救灾中。那么，究竟中国人的慈善捐款行为受哪些因素影响？中国式慈善的真正面目又是什么？怎样才能促进更多人从事捐款？为了回答上述问题而展开本研究。本研究主要实现以下目的：

第一，通过较大规模问卷调查，获得中国城市居民慈善捐款行为状况及其影响因素的一手资料。

第二，通过构建慈善捐款行为影响因素模型，揭示居民捐款行为的影响因素，为中国城市居民的慈善捐款行为问题提出理论解释。

第三，通过比较各因素影响效应的大小以发现影响因素的重要程度，为更有针对性地开展慈善动员工作提供依据。

第四，通过比较不同群体的慈善捐款行为差异，为慈善组织和相关机构针对各类人群制定慈善捐赠激励、动员策略提供借鉴。

第五，根据研究发现，提出促进城市居民慈善捐款行为的建议。

第六，通过研究中国城市居民慈善捐款行为特点，探讨中国居民慈善捐赠行为本质，并结合本研究其他相关成果共同揭秘中国式慈善的真正面目。

二　研究意义

（一）理论意义

中国学者关于公民慈善捐赠问题的研究大多是对"捐赠现状"进行综述或评论，并据此提出应对措施，这些研究多缺乏一手数据，少量经验研究也缺乏坚实的理论基础；国外学者实证研究数量虽多，但尚未给出慈善捐赠行为的明晰理论解释。本研究以计划行为理论和利他主义理论为基础，通过问卷数据分析，构建中国城市居民慈善捐款行为的综合理论模型，为后续研究提供借鉴。具体而言：

首先，本研究将利他主义理论概念"嵌入"计划行为理论，用"利他主义倾向"取代"行为意向"变量，对计划行为理论加以改造，由此构建了利他—计划行为理论模型。这种"跨界嫁接"策略的成功实践，不但扩展了慈善问题的研究空间，还为在两大理论基础上进行理论创新提供了可能。

其次，克服了以往研究"碎片化"导致的"盲人摸象"误区，将多种因素纳入综合考量，对慈善捐款行为的各影响因素进行定量化比较，为慈善问题的理论研究指明了方向。

最后，对利他主义理论概念的操作化突破了中国学者仅关注概念分析、忽视经验研究的局限，为社会慈善问题的多学科交叉研究展示了光明的前景。

（二）实践意义

研究中国城市居民慈善捐款行为及其影响因素问题，除了理论层面具有重要意义外，关键的意义还在于推动当前中国居民慈善发展。具体而言：

第一，借助"中国城市居民慈善捐款行为影响因素综合模型"，把握中国城市居民慈善捐款行为的主要影响因素，为制定慈善动员、慈善募捐的一般激励政策指明方向。

第二，发现不同群体的慈善捐款行为特征，为针对特定人群制定具体慈善捐款动员策略提供科学依据。

第三，揭示居民慈善捐款认知及捐款行为的主要特点，为慈善宣传和教育找准突破口。

第四，提出促进居民慈善捐款行为的若干对策，为推进慈善事业发展提供参考。

第四节　研究方法和特点

一　研究方法

（一）文献法

通过搜集期刊、书籍、网络等不同平台中的国内外文献，一方面对本研究的国内外研究现状有更清晰、更全面的把握，从而明确研究思路与方向；另一方面，为当前研究提供理论支撑。

（二）问卷调查法

借鉴以往研究成果，抓住关键问题进行开放性问卷调查，根据统计分析结果编制封闭式调查问卷，经预调查和问卷修改后，再进行正式调查。接下来，主要抽取辽宁省（沈阳、大连、阜新）、江苏省（南京、无锡、宿迁）、四川省（成都、绵阳、遂宁）3个省份9座城市中的1110名受访者作为调查样本。

选择这些城市主要是因为：一是根据《中国城市公益慈善指数（2011）报告》显示，在它所涵盖的53个中国内地城市和新疆建设兵团中，深圳、上海、北京、无锡、厦门、江阴、遂宁、大连、南京、宁波和阜新等11个城市达到七星级，长沙、济宁、沈阳、绍兴、荥阳、昆山等6个城市达到六星级，都是公益慈善指数排名靠前的城市。其中，大连、沈阳、阜新三市属辽宁省，南京、无锡属江苏省，而遂宁则属四川省；二是根据中国东部、中部、西部地区的划分，辽宁省和江苏省同属东部省份，而四川省则属西部省份，即从这几个省份中选取调查对象其样本既涵盖东部省份又包括西部省份；三是根据中国南北地理位置的划分，这三个省份既有北方省份又有南方省份；四是考虑到这三个省份的内部经济、社会发展等方面的不平衡性，每个省份既包括沈阳、南京和成都等省会城市，也覆盖大连、无锡等发达城市，还包括阜新、宿迁和绵阳等经济、社会发展位次靠后的城市。

（三）多元统计分析方法

应用SPSS17.0对调查数据进行描述统计、均值比较、独立样本T检验、Kruskal—Wallis H检验、回归分析、可靠性分析等，用LIS-REL8.8和MPLUS5.2进行验证性因子分析、结构方程模型分析等。

二　本书特点

本研究的特点主要包括以下几点：

第一，本研究首次将计划行为理论和利他主义理论结合起来应用于居民慈善捐款行为研究，不但验证了其可行性，还初步提出了将二者联合应用于其他利他行为研究的前景。

第二，采用从简单到复杂、逐步推进的研究策略构建了 6 个中国城市居民慈善捐款行为影响因素模型，揭示慈善捐款行为的主要影响因素及其交互效应，通过模型比较发现了拟合度最佳的综合模型。

第三，应用结构方程模型等现代多元统计方法对各因素进行系统分析与定位，定量比较了各因素影响总效应的大小，发现对慈善捐款行为存在正向影响的因素从大到小依次是利他主义倾向、慈善捐款态度、政策措施、慈善信任、慈善捐款主观规范、慈善价值观；对慈善捐款行为存在负向影响的因素是人情随礼态度。

第四，首次将人情随礼态度与中国慈善捐款行为联系起来，探讨人情随礼态度对慈善捐款行为的影响，进而提出利用传统人情随礼习俗诱发慈善行为的建议。

第五，用经验数据验证了主流利他主义理论关于亲缘利他、互惠利他、纯粹利他三种利他倾向的类型划分，为后续研究或政策制定提供借鉴。

第二章

理论基础及研究思路

关于个体慈善行为，目前已有不少中国学者运用经济学理论进行研究，如洪江、张磊[1]；王征兵[2]；武晋晋、黎志文[3]；梅芳[4]；马小勇、许琳[5]；陈端计、杭丽[6]；贺立平[7]；等等，这些研究或多或少都取得了一定成果，但由于这些研究往往仅限于理论或概念探讨，缺乏经验证据的支持，而且仅用基于理性经济人假设的传统经济学理论难以透彻解释慈善捐赠行为的根源。因此，在本研究中，除了个别问题外，笔者主要借助社会心理学的计划行为理论和当代伦理学、生物学及社会学界均非常热衷的利他主义理论来分析中国居民的慈善捐赠行为及其影响因素。

---

① 洪江、张磊：《私人慈善捐赠的经济学分析》，《上海市经济管理干部学院学报》2008 年第 3 期。

② 王征兵：《"不任意资金"与慈善捐赠》，《学术研究》2003 年第 1 期。

③ 武晋晋、黎志文：《慈善捐赠行为的经济学分析》，《经济视角（下）》2010 年第 5 期。

④ 梅芳：《基于理性经济人假设的比尔·盖茨慈善行为分析》，《现代农业》2007 年第 8 期。

⑤ 马小勇、许琳：《慈善行为的经济学分析》，《西北大学学报》（社会科学版）2001 年第 4 期。

⑥ 陈端计、杭丽：《第三配置视角下慈善经济发展失效的制度修正：基于税收政策视阈》，《云南财经大学学报》2010 年第 1 期。

⑦ 贺立平：《慈善行为的经济分析》，《北京科技大学学报》（社会科学版）2004 年第 2 期。

第一节　理论基础

一　计划行为理论的基本内容及其应用

计划行为理论的理论源头可以追溯到菲什拜因（Fishbein）的多属性态度理论（Theory of Multiattribute Attitude）。后来，菲什拜因和阿耶兹（Ajzen）发展了多属性态度理论，提出理性行为理论（Theory of Reasoned Action）。由于理性行为理论假定个体行为受意志控制，严重制约了理论的广泛应用，为扩大理论的适用范围，阿耶兹于 1985 年在理性行为理论的基础上，增加了行为控制信念变量，初步提出了计划行为理论。[①] 1991 年他发表的《计划行为理论》一文，标志着计划行为理论的成熟[②]，具体理论模型如图 2 - 1 所示。2006 年，他又对该理论进行了完善和发展[③]，提高了对行为的解释力和预测力。

计划行为理论主要包括态度、主观规范、知觉行为控制、行为意向和行为五个变量。其中，行为意向（Behavioral Intention，BI）是指个人想要采取某一特定行为之行动倾向或动机，该潜变量由态度、主观规范和行为控制信念三个因素共同决定；行为态度（Attitude toward The Behavior，AB）是指个人对某项行为的总体评价；主观规范（Subjective Norm，SN）是指个体在决策是否执行某特定行为时感知到的社会压力，它反映的是重要的参考对象（个人、团体或规定）对个体行为决策的影响；知觉行为控制是指个人在发生某

---

① Ajzen, I.. *From intentions to actions: A theory of planned behavior.* In J. Kuhl & J. Beckman (Eds.), *Action - control: From cognition to behavior*, Heidelberg: Springer - Verlag, 1985.

② Ajzen, I., "The theory of planned behavior", *Organizational Behavior and Human Decision Processes*, No. 50, 1991, pp. 179 - 211.

③ Icek Ajzen. Constructing a Tpb Questionnaire: Conceptual and Methodological Considerations (http://www.eople.mass.edu.aizen/pdf.tpb.measurement.pdf).

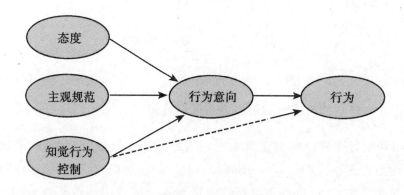

图 2 - 1　计划行为理论模型 (1991)

资料来源: 此图选自阿耶兹 (Ajzen) 1991 年发表的《计划行为理论》一文。

项行为时自己感受到可以控制 (或掌握) 的程度。[1]

该理论认为，非个人意志完全控制的行为不仅受行为意向的影响，还受执行行为的个人能力、机会以及资源等实际控制条件的制约，在实际控制条件充分的情况下，行为意向直接决定行为；准确的知觉行为控制反映了实际控制条件的状况，因此它可作为实际控制条件的替代测量指标，直接预测行为发生的可能性 (如图 2 - 1 中虚线所示)，预测的准确性依赖于行为控制信念的真实程度；行为态度、主观规范和知觉行为控制是决定行为意向的三个主要变量，态度越积极，他人的支持越大，知觉行为控制越强，行为意向就越大，反之越小。[2]

作为一种从大量人类日常行为现象中抽象出来的形式理论，计划行为理论着眼于从观念到行为的过程解析，抓住了人类理性行为的动态本质，并具有内容简约、结构清晰的特点。

自 20 世纪 80—90 年代计划行为理论提出以来，它已被广泛应用

---

① Fishbein M，A. I.，*Belief*，*Attitude*，*Intention*，*and Behavior*：*An Introduction to Theory and Research Reading*，MA：ddison - Wesley，1975.

② 段文婷、江光荣:《计划行为理论述评》，《心理科学进展》2008 年第 2 期。

于许多领域的研究，如税收行为①、消费行为②、志愿服务③、道德判断行为④、献血⑤等，尤其是近几年，学者们开始将其用来研究慈善行为问题。英国阿尔斯特大学的 M. 贾尔斯（M. Giles）等应用计划行为理论框架研究献血问题，研究发现态度、主观规范、自我效能、知觉控制、自我认同及过去的献血行为都与献血行为意向显著相关；⑥ 澳大利亚昆士兰科技大学的梅丽莎·K. 海德（Melissa K. Hyde）和凯瑟琳·M. 怀特（Katherine M. White）也从计划行为理论角度，研究个人申请器官捐赠并与重要的他人讨论此事的行为意向问题。⑦

　　既然以往研究已确认了计划行为理论对于慈善行为的解释力，笔者认为，可以应用它来分析慈善捐款行为的部分影响因素。具体而言，可以设置慈善捐款态度、慈善捐款主观规范、慈善捐款行为意向等变量来分析它们对慈善捐款行为的具体影响。虽然计划行为理论可以解释慈善捐款行为发生的部分原因，但慈善捐款行为意向变量只能

① Donna D Bobek, Richard C Hatfield, "An Investigation of the Theory of Planned Behavior and the Role of Moral Obligation in Tax Compliance", *Behavioral Research in Accounting*, Vol. 15, 2003, pp. 13 – 38.

② Ya – Yueh Shih, Kwoting Fang, "Customer Defections Analysis: An Examination of Online Bookstores", *The TQM Magazine*, Vol. 17, No. 5, 2005, pp. 425 – 439.

③ WIM VAN BREUKELEN, RENÉ VAN DER VLIST, HERMAN STEENSMA, "Voluntary Employee Turnover: Combining Variables from the 'Traditional' Turnover Literature with the Theory of Planned Behavior", *Journal of Organizational BehaviorJ*, No. 24, 2004, pp. 893 – 914.

④ Donna M. Randall, Annetta M. Gibson, "Ethical Decision Making in the Medical Profession: An Application of the Theory of Planed Behavior", *Journal of Business Ethics*, Vol. 10, No. 2, 1991, pp. 111 – 122.

⑤ Dieter K Tscheulin, Jörg Lindenmeier, "The Willingness to Donate Blood: An Empirical Analysis of Socio – Demographic and Motivation – Related Determinants", *Health Services Management Research*, Vol. 18, No. 3, 2005, pp. 165 – 174.

⑥ M. Giles, C. McClenahan, E. Cairns & J. Mallet, "An application of the Theory of Planned Behaviour to blood donation: the importance of self – efficacy", *Health Education Research*, Vol. 19, No. 4, 2004, pp. 380 – 394.

⑦ Melissa K. Hyde, Katherine M. White, "To Be a Donor or Not to Be? Applying an extended Theory of Planned Behavior to Predict Posthumous Organ Donation Intentions", *White Journal of Applied Social Psychology*, Vol. 39, No. 4, 2009, pp. 880 – 900.

表明个体未来捐款行为的可能性，而不能揭示其行为的本质，也就难以对激励策略作出推论。因此，笔者将引入利他主义理论，设置"利他主义倾向"这一新变量来取代"慈善捐款行为意向"，以弥补计划行为理论的不足。

二 利他主义理论的基本内容及其应用

利他主义（altruism）一词，源于拉丁语 alter，意为他人的。由19 世纪法国哲学家、社会学家孔德（Auguste Comte）首创，他用这个词来表达他和弗兰西斯·赫起逊（Francis Hutcheson）等思想家所倡导的伦理学说。利他主义与利己主义（egoism）相对立，是主张将社会利益置于个人利益之上，为了他人和社会牺牲自我利益的伦理学理论。利他主义强调的不是个人利益而是他人利益，颂扬为他人做出牺牲是一种崇高精神和美德，并以此作为善的标准。孔德认为，人既有利己的动机，也有利他的动机，人类的道德就是用利他主义来控制利己主义和自私的本能。感性主义伦理思想家赫起逊作为道德情感理论的集大成者，将有利于人的天然情感（柔顺、慈善、博爱、慷慨、仁厚、温和等）看作道德的唯一来源，认为仁爱之心或博爱是排斥自爱之心的，人的道德行为应当不计较个人的利害得失。由于每个人都是组成社会系统的一分子，所以人与人之间的爱，必然是对这个系统的爱，因而，促进社会的福利，也就成了衡量善恶的标准。他指出，使他人幸福是仁爱的目标，使幸福的人越多，它就越有道德价值，最高的善就是"产生多数人之最大幸福的行为"，善可以用"德行的善的量与享受的人数的乘积"来计量。① 在伦理学中，利他主义是一种将无私利他奉为评价行为善恶的道德总原则的理论。从古至今，利他主义一直是人类文化思潮的主流，无论是中国儒家的"仁学"、墨家的"兼爱"，还是西方的各种宗教理论，其核心内容都包含利他主义成分。

---

① 邓大松、林毓铭、谢圣远：《社会保障理论与实践发展研究》，人民出版社 2007 年版，第 65 页。

那么，何谓利他主义？伦理学将其界定为"为他人的利益而牺牲自己的利益或者以利己为目的以利他为手段的道德原则"①。人类利他主义有三种形式，即亲缘利他主义、互惠利他主义和纯粹利他主义。亲缘利他主义和互惠利他主义，也就是威尔逊（Wilson）所说的无条件的利他主义和有条件的利他主义。威尔逊把利他主义分为无条件的利他主义和有条件利他主义，并在亲缘利他理论和互惠利他理论基础上对这两类利他主义作出解释。他指出，无条件利他主义通常以家族或部落为单位，通过自然选择或亲缘选择得以进化。他认为无条件利他主义虽然不需要社会回报，但只限于亲属之间，只为自己家族服务，并且与亲近程度成正比，随着亲近关系的一步步远离，利他倾向越来越弱。有条件利他主义之所以在远亲或毫无血缘关系的个体中存在，互惠性是关键，利他主义者期望从社会为自己或其亲属获得回报，有条件利他主义最初是在个体选择基础上进化的，其通过社会契约达到互利互惠。②

亲缘利他主义存在于亲属之间，只为自己的亲属服务，为自己的亲属作出牺牲，并且与亲近程度成正比。例如，父母对子女的关爱和无私奉献，兄弟姐妹之间的互助关爱和相互奉献。有时为了挽救子女或兄弟姐妹的生命，父母或某个兄弟姐妹不顾自己的安危甘愿捐出某个器官，或者子女为父母捐出器官的行为都属于亲缘利他主义。随着亲近关系的一步步远离，亲缘利他主义倾向会越来越弱。因此，亲缘利他主义通常以家族或部落为单位，通过自然选择或亲缘选择得以进化。③

互惠利他主义是一种非亲缘关系人群之间的互助互爱和相互帮助的行为，互惠利他主义之所以在远亲或毫无血缘关系的个体中存在，互惠性是关键。两个或两个以上没有血缘关系的人之所以建立互助合

① 宋希仁主编：《伦理学大词典》，吉林人民出版社1989年版，第48页。

② WiLson, E. O., *Sociology：The New synthesis*, Cambridge, Mass：Harvaxd University Press, 1976, pp. 60–62.

③ 刘鹤玲：《所罗门王的魔戒：动物利他行为与人类利他主义》，科学出版社2008年版，第93页。

作的关系，是因为他们能同时获得合作所带来的更高利益。尤其在部分利益冲突时，一个人采取合作策略而不是竞争策略更有利他于自身利益。在很多情况下，一个人的利他主义比利己主义更能获得竞争中的优势，并且成为竞争中的制胜之策。互惠利他主义在一些情况下是同步受益，在另一些情况下则是非同步受益。非同步受益要求合作者之间具有很高的诚信度，这次我帮你，下次你帮我，这是通过相互回报建立起的一种合作关系。互惠利他主义最初是在个体选择的基础上进化的，并受到文化进化的巨大影响，建立起社会的契约和文明。①

　　人类社会还存在一种既不是出自亲缘关系也不期待回报的纯粹利他主义。例如，无偿给生命垂危的人献血，对乞丐倾囊相助，给需要帮助的人伸出援助之手，以及为搭救他人而献出自己生命的英雄壮举等都属于纯粹利他主义的范围。在伦理学中，这类行为动机单纯，利他主义者一心想到的是他人，并没有考虑自己的利益，因而纯粹利他主义是一种崇高的道德品质。而社会心理学则从动机上分析纯粹利他主义，把这类行为看作一个人采取纯粹利他主义后所体验到的内心解脱和愉悦，这是一种亲社会行为。亲社会行为可以没有任何真正的助人目的，只是其行为结果可能对他人有利，行为者具有期待社会回报至少得到精神上回报的动机。例如，一个商人热衷于慈善事业，动机是为了自己内心的愉悦和满足以及得到社会的赞誉，因此提高社会知名度，真正的目的不是为了帮助那些需要帮助的人。亲社会行为是一个连续的集合体，它包括由自我利益动机所驱使的利他行为以及动机单纯的大公无私的利他行为，前者是有限纯粹利他主义，后者是无限纯粹利他主义。一般而言，前者比后者更为普遍。社会生物学注重的是行为的效果而不是动机，不论利他主义存在何种动机，甚至根本不管是否存在动机，只要行为结果没有得到回报，就是纯粹利他主义。由于有限理性的作用，个人在接受社会教育的过程中，有可能不考虑或者不能充分考虑是否对自己有利，而接受或采取不图回报的纯粹利

---

① 刘鹤玲：《所罗门王的魔戒：动物利他行为与人类利他主义》，科学出版社2008年版，第93—94页。

他主义。人的意识和理性使人类具有独特的纯粹利他主义形式，这是动物所不具备的。①

从进化史来看，人类的自然属性决定了它与动物的密切联系，人类利他主义无疑是在动物的利他行为基础上产生的，利他主义的起源和进化有着生物学根源。利他主义最初进入生物学视野起因于达尔文自然选择理论的一个反常，即利他行为看上去显然不利于自身的适应。经典的自然选择理论很难解释这种利他现象，为了消除利他反常，生物学家开始了长期的理论研究努力，期望能够解释动物中的利他行为。首先为解释这种利他现象做出较大贡献的理论当属群体选择（group selection）理论。群体选择理论由英国学者维恩·爱德华兹（Wyrme - Edwards）提出，该理论认为：利他行为之所以盛行，是因为个体为了群体的利益而做出牺牲，初看起来，它似乎毫不费力地对利他行为做出了令人满意的回答，更重要的是，这也符合伦理学对利他主义的解释，符合我们对道德的理解，人类历史上的英雄们不正是为了大多数人的利益毫不犹豫奉献自己宝贵的生命？② 然而，问题并非如此简单，人们很快就发现群体选择理论有一个致命的缺陷，即它无法解释能给群体带来利益却导致个体适应性降低的利他行为，怎样才能在严酷的生存竞争中保持对利己行为相对的遗传优势，从而使自己得到进化。于是，利他主义的生物学研究又遇到了巨大困难。最先打破僵局的当属亲缘选择（kin selection）理论。亲缘选择理论是英国生物学家汉密尔顿（W. D. Hamilton）于 1963 年提出的。该理论认为，利他行为一般出现在亲族之间，并且与近亲程度成正比，也就是说，个体之间的亲缘关系越近，彼此之间的利他倾向就越强，因为关系越近，相同基因就越多。但由于亲缘理论只能揭示亲缘个体间的利他行为，而不能揭示非亲缘个体间利他行为存在的原因，于是，随着互惠利他理论的诞生，非亲缘个体间的利他行为得到了较好的解释。

---

① 刘鹤玲：《所罗门王的魔戒：动物利他行为与人类利他主义》，科学出版社 2008 年版，第 94 页。

② Wyrme - Edwards, V. C, *Animal Dispersion in Relation to Social Behaviour*, Edinburgh: Oliver & Boyd, 1962.

互惠利他理论（reciprocal altruism）由特里弗斯（Robert Trivers）提出。互惠利他理论指出，非亲缘个体之间的利他行为是互惠性的，即一个个体冒着降低自己适合度的风险帮助另一个与己无血缘关系的个体，是为了日后与受益者再次相遇时得到回报，期待更大利益回报才是互惠利他者的真正"目的"。[①] 后来，在此基础上，西蒙（H. A. Simon）从有限理性的角度比较社会强加给个体的利他主义要求与通过驯顺性获得的有利知识和技能，解释了人类社会具有的不求回报的纯粹利他行为。从亲缘利他到互惠利他，再到纯粹利他，利他理论的发展出现了三次重大突破。[②]

利他主义被广大学者关注以来，广泛被应用于经济学和社会生物学等学科的研究，如公共品捐赠问题。[③] 众多学者曾利用利他主义理论来研究慈善行为，证明了此理论的适用性——大卫·C.瑞巴（David C. Ribar）和马克·O.威廉（Mark O. Wilhelm）"有理有据"地研究了利他动机在慈善捐赠中的作用[④]；邹小芳以利他主义经济学模型为基础，得出慈善行为应是一种"合作行为"的利他主义的结论[⑤]；张俊则以利他主义为视角，结合西方利他主义思想、中国古代传统义利观的利他思想以及马克思、恩格斯、列宁等经典著作的利他思想，分析了城市志愿者的参与动机类型[⑥]；斯克特·道森（Scott Dawson）通过调查了解到受访者的慈善捐赠动机包括职业发展、收入优势、互

---

① Robert Trivers, "The Evolution of Reciprocal Altruism", *The Quarterly Review of Biology*, Vol. 46, No. 1, 1971, pp. 35 – 57.

② 刘鹤玲：《亲缘、互惠与驯顺：利他理论的三次突破》，《自然辩证法研究》2000年第3期。

③ Andreoni, J., "Giving with Impure Altruism: Applications to Charity and Ricardian Equivalence", *The Journal of Political Economy*, Vol. 97, No. 6, 1989, pp. 1447 – 1458; Andreoni, J., "Impure Altruism and Donations to Public Goods: A Theory of Warm – Glow Giving", *The Economic Journal*, Vol. 100, No. 401, June 1990, pp. 464 – 477.

④ David C. Ribar, Mark O. Wilhelm, "Altruistic and Joy – of – Giving Motivations in Charitable Behavior", *Journal of Political Economy*, Vol. 110, No. 2, 2002, pp. 429 – 449.

⑤ 邹小芳：《我国慈善行为的利他主义经济学分析》，《科技创业》2008年第3期。

⑥ 张俊：《利他主义视角下的城市志愿者参与动机研究》，硕士学位论文，北京交通大学，2009年。

惠动机、自尊四个方面①；而拉夫堡大学的阿兰·拉德里和玛丽·肯
尼迪（Alan Radley, Marie Kennedy）的研究也发现了利他主义动机是
除"社会规范和形势条件"之外的另一个影响人们慈善行为的因素。②

　　既然众多研究证明了利他主义理论对于个人利他行为的解释力，
用它来研究中国城市居民的慈善捐款行为自然是可行的。为了探索中
国城市居民慈善捐款行为的利他主义类型，笔者在问卷中设置了利他
主义倾向变量，并将其划分为"纯粹利他倾向""互惠利他倾向"
"亲缘利他倾向"三种类型。

三　计划行为理论与利他主义理论联合应用的必要性

　　既然以往研究已确认了计划行为理论和利他主义理论对于慈善行
为的解释力，笔者认为可以应用它们来研究居民慈善捐款行为。在本
研究中，笔者将计划行为理论和利他主义理论联合起来研究居民慈善
捐款行为具有一定的必要性。

　　一方面，若只用计划行为理论来研究居民慈善捐款行为，则解释
力不足。笔者修正后的计划行为理论主要包括行为态度、主观规范、
行为意向和行为四个变量。当用它来研究慈善捐款等利他行为时，它
只能解释这种行为的几个主观因素，而实际上，慈善捐款行为还受到
其他因素的影响，如外部宏观因素，而且慈善捐款的行为意向变量只
能表明个人在未来捐款的可能性，而不能揭示中国城市居民慈善捐款
行为的本质，从而也就难以对激励策略作出推论。也就是说，只用修
正后的计划行为理论来阐述究竟有哪些因素影响慈善捐款行为问题还
有所欠缺。

　　另一方面，利他主义理论作为一种伦理学理论，虽然具有较为
丰富的理论内容，但是缺乏清晰、具体的概念框架和操作定义，即

---

　　①　Scott Dawson, "Four Motivations For Charitable Giving: Implications For Marketing Strate-
gy to Attract Monetary Donations for Medical Research", *Journal of Health Care Marketing*, Vol. 8,
No. 2, June 1988, p. 31.

　　②　Alan Radley, Marie Kennedy, "Charitable Giving by Individuals: A Study of Attitudes
and Practice", *Human Relations*, Vol. 48, No. 6, June 1995, p. 685.

缺少明晰的理论框架。尤其是用它来研究慈善捐款等利他行为、亲
社会行为的影响因素时，由于欠缺理论框架而不能揭示各个因素如
何影响个人行为。因此，笔者将引入利他主义理论，设置"利他主
义倾向"这一新变量来取代"慈善捐款行为意向"，以弥补计划行
为理论的不足。

　　两个理论联合应用提高了对慈善捐款行为的解释力，但是，在目
前的中国社会中，居民慈善捐款行为不仅受到个体心理因素的影响，
还受到其他因素的影响，而两个理论只能揭示居民慈善捐款行为的部
分心理影响因素。因此，为了更清晰地探讨中国城市居民慈善捐款行
为的影响因素，笔者除了借助计划行为理论和利他主义理论探寻出部
分心理影响因素（即慈善捐款态度、慈善捐款主观规范、利他主义倾
向）外，还借鉴其他学者已有的研究成果，引入另外两类影响因素：
一类是影响居民慈善捐款行为的外部影响因素，如鼓励捐款的政策措
施和慈善信任；另一类则是内部因素，即与慈善捐款行为有直接关
联，但暂时又不是两个理论本身所包括的其他心理因素，主要有人情
随礼态度和慈善价值观。总的来说，要清晰地揭示居民慈善捐款行为
的影响因素需要两类因素，一是两个理论本身所包括因素，二是理论
所不能容纳的因素，这两类因素相辅相成，共同使用可以提高对居民
慈善捐款行为的解释力。

第二节　研究模型的构建

一　模型构建的基本思路

（一）计划行为理论模型的修正

　　在第二章中笔者已经提到，计划行为理论主要包括态度、主观规
范、知觉行为控制、行为意向和行为五个潜变量。但是，笔者从以往
的研究经验中发现：当把知觉行为控制变量应用于慈善捐款行为时，
其解释力还不够强大，而且知觉行为控制这个变量对慈善捐赠行为影

响的路径系数往往为负数。[①] 根据计划行为理论的基本观点，知觉行为控制是指个人从事特定行为时所感受到的可以控制的程度，但对于慈善捐款这种复杂的亲社会行为，还有许多重要因素如激励政策、信任和价值观等会影响个体的控制信念及知觉强度，因此，笔者将移除"知觉行为控制"变量，以多个变量代之。简言之，在本研究中，笔者只采用计划行为理论中的态度、主观规范、行为意向、行为四个主要变量。

（二）利他主义理论变量的加入

修正后的计划行为理论模型主要包括态度、主观规范、行为意向和行为四个变量，但它只能解释慈善捐款行为的部分心理原因，不能突出这种行为的亲社会特征。于是，笔者将"利他主义倾向"划分为"纯粹利他倾向""互惠利他倾向""亲缘利他倾向"三种类型，并将其引入模型中。至此为止，笔者初步构建了居民慈善捐赠行为的基本理论模型，它分别由计划行为理论的三个变量（即慈善捐款态度、慈善捐款主观规范、慈善捐款行为）和利他主义理论的一个变量（即利他主义倾向）构成，笔者将其命名为"利他—计划行为模型"，并以此为理论起点展开后续研究。

（三）慈善捐款行为影响因素模型的构建思路

作为一般理论模型，"利他—计划行为模型"只是将利他行为的基本要素纳入其中，它可能适用于解释所有利他行为，只是用它解释当前的城市居民慈善捐款行为可能仍过于抽象。因此，为了更加深入地揭示慈善捐款行为的具体动因，以"利他—计划行为模型"为基础，借鉴已有研究成果，笔者又引入了四个主要变量，而这些变量可以分为两类：一类是外部因素，如鼓励捐款的政策措施和慈善信任，它们都是可能影响居民慈善捐款行为的外部影响因素；另一类则是内部因素，如人情随礼态度和慈善价值观两项，它们是与慈善捐款行为有直接关联但暂时又无法纳入基本模型的其他心理因素。最终，笔者

---

① 张进美、刘天翠、刘武：《基于计划行为理论的公民慈善捐赠行为影响因素分析——以辽宁省数据为例》，《软科学》2011 年第 8 期。

根据此思路，将两类因素与"利他—计划行为模型"中所包括的主要变量共同构成慈善捐款行为影响因素模型。

二　研究假设的提出及中国城市居民慈善捐款行为影响因素模型的构建

（一）主要变量的概念界定

在本研究中，城市居民慈善捐款行为是指那些居住在市区的居民，对身处困境中需要帮助的人或群体予以支持、同情，并以捐款形式对其提供无偿救助或援助的行为。按照捐款自愿性来划分，捐款行为可包括主动性捐款和被动性捐款；按照捐款对象来划分，这种捐款行为包括个人与个人之间的捐款，也包括个人向相关组织的捐款；按照捐款额度来划分，这种捐款行为包括低额捐款、中等额度捐款和高额捐款。在本研究中，笔者主要通过调查受访者在 2011 年向陌生人和慈善组织的捐款额来研究其捐款行为。此研究方法既包括从捐款对象对捐款行为的划分，也包括从捐款额度对捐款行为的划分。

利他主义倾向是指个体在未来一段时间里，捐款时所怀有的利他动机。笔者设计该变量是为了研究居民慈善捐款行为究竟出于哪种类型的利他倾向。

慈善捐款态度是指个体对捐款行为的评价，即他们认为慈善捐款是否愉快、有意义以及对自身有利等等。

慈善捐款主观规范是指居民个体在决策是否捐款时感知到的社会支持，它反映的是重要的参考对象（如亲戚朋友、单位领导及社区领导等）对居民做出是否捐款这个决策的影响。它包括这些参考对象是否赞同受访者捐款，以及他们的看法对受访者作出是否捐款决策的决定是否重要。

慈善价值观是指个人对捐款行为的价值判断标准和依据，它主要反映的是个体从道德、理性算计及精神信仰等抽象层面对捐款行为给予的基本理由。

慈善信任属于我们通常所指的信任，是信任在慈善领域的反映，它既包括受访者对求助者的信任这种人际信任，也包括受访者对既有慈善制度和慈善组织的信任这种特殊信任。通过探讨当前居民的普遍信任状况，尤其是针对"郭美美"事件等一系列事件之后公众对慈善组织出现种种不信任的状况，研究提出解决策略来重塑公众对慈善组织的信任。

人情随礼是一个包含典型中国文化特色的词语。人情（也叫世情），是人与人之间相互联系的一种生存关系。随礼也称随份子、凑份子。在社会交往中，人与人感情的沟通有着不同方式，随礼便是其中的一种。挚爱的亲朋好友，朝夕相处的同窗同事，尊敬的上级领导，家中有事，都要去看看，或随上一份礼物，表达一份心意，这是延续友谊的手段，增进感情沟通的机会，这些都无可非议。在本研究中，人情随礼态度是指个人对人情随礼的行为的总体评价。笔者通过调查受访者的人情随礼态度来研究它如何影响中国城市居民的慈善捐款行为，进而探讨如何运用这种随礼文化特色来催生更多的慈善行为。

政策措施是对当前一系列鼓励慈善捐款的政策、措施等的统称。在本研究中，通过调查居民是否认为既有政策措施已经发挥激励和监督作用，从而测量宏观政策措施对慈善捐款的影响。

（二）研究假设的提出及模型构建步骤

为了更好探讨各因素对城市居民慈善捐款行为的具体影响，笔者首先构建了"利他—计划行为模型"，即模型1；在此模型基础上依次加入慈善价值观、人情随礼态度、慈善信任、政策措施四个变量，分别构建模型2、模型3、模型4、模型5，并在模型5的基础上调整部分变量间的影响路径以构建模型6，即中国城市居民慈善捐款行为影响因素综合模型。每个理论模型都属于因果关系模型，对此，笔者将通过构建结构方程模型来对潜变量间的因果关系假设进行检验和验证。

具体而言，这些模型中的变量主要包括居民慈善捐款态度（变量f1）、慈善捐款主观规范（变量f2）、利他主义倾向（变量f3）、慈善捐款行为（变量f4）、慈善价值观（变量f5）、人情随礼态度（变量f6）、慈善信任（变量f7）、政策措施（变量f8）等变量，其中，变量

f1 – f3 和 f5 – f8 均用利克特量表 1 – 7 来测量，变量 f4 则是用具体钱数来测量。

1. "利他—计划行为模型"变量对慈善捐款行为的影响

计划行为理论认为，个人从事某一行为的态度越积极，感受到周围的社会支持越大，则其从事该行为的行为意向就越大，而个人的行为意向又会直接决定其行为。同时，笔者在前期的研究中也发现，慈善捐赠态度和慈善捐赠主观规范对居民慈善捐赠行为意向存在直接正向影响；[1]刘天翠也验证了这两个因素对居民慈善捐赠行为存在影响[2]。可见，通过探讨居民从事捐款行为的态度、主观规范与捐款行为的行为意向间的关系，进而来探讨它们对慈善捐款行为的影响是可行的。但是，值得注意的是，在上述研究中，态度对行为意向的影响系数是三个直接影响变量中最小的，而一般而言，态度是行为意向最直接和最强大的影响因素。为了克服这一"反常"，笔者将利用"利他—计划行为模型"来解释慈善捐款行为。为方便起见，这里将其称为模型 1，见图 2 - 2。与之相对应的研究假设分别是：

假设 1：慈善捐款态度正向影响慈善捐款行为。

假设 2：慈善捐款主观规范正向影响慈善捐款行为。

假设 3：利他主义倾向正向影响慈善捐款行为。

2. 慈善价值观对慈善捐款行为的影响

作为一种亲社会的自主行为，由于需要克服人类自利本能的阻碍，慈善捐款行为尤其需要慈善价值观的驱动，需要个体赋予这种行为特定的价值，给出明确的行动理由。因此，价值观因素应当是影响慈善捐款行为的重要因素，当把它纳入模型 1，就形成了模型 2，见图 2 - 3。

与之相对应，笔者提出研究假设 4：慈善价值观正向影响慈善捐款行为。

---

① 张进美、刘天翠、刘武：《基于计划行为理论的公民慈善捐赠行为影响因素分析——以辽宁省数据为例》，《软科学》2011 年第 8 期。

② 刘天翠：《居民慈善捐赠行为影响因素研究——以辽宁省为例》，硕士学位论文，东北大学，2011 年。

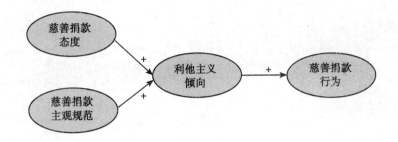

图2-2　模型1

资料来源：笔者根据研究假设，借助 EDraw Mind Map 软件绘制而成。

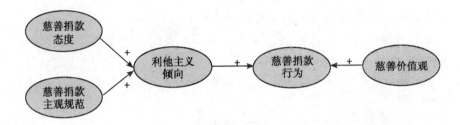

图2-3　模型2

资料来源：笔者根据研究假设，借助 EDraw Mind Map 软件绘制而成。

3. 人情随礼态度对慈善捐款行为的影响

随着当前人情随礼状况日盛，有的人热衷人情随礼，有的人则反对人情随礼，有的人则对其"又爱又恨"；同样地，有的学者认为在随礼方面越慷慨的人必然越热衷慈善捐款，但有的学者认为人情随礼会严重影响一个人慈善捐款。为了探究这个问题，笔者将人情随礼态度纳入模型2中，从而构建起模型3以着重探讨人情随礼态度对慈善捐款行为的影响，见图2-4。

与之相对应，笔者提出研究假设5：人情随礼态度负向影响慈善捐款行为。

4. 慈善信任对慈善捐款行为的影响

信任作为人类社会交往的一种道德规范，由于当前慈善组织公信力受到广大民众质疑，而普通居民对慈善制度的信任度有所降低，乃至有些人认为"有些求助者是假的，他们只是为了'骗善款'"，简言之，居民对慈善捐款的信任程度问题已成为不可忽视的问题之一。

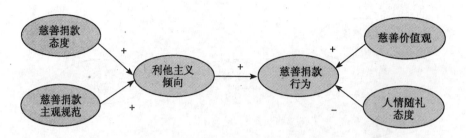

图 2 - 4 模型 3

资料来源：笔者根据研究假设，借助 EDraw Mind Map 软件绘制而成。

对此，笔者将居民慈善信任因素纳入已构建起的模型 3 中，从而构建起模型 4，以着重探讨该因素对慈善捐款行为的影响，见图 2 - 5。

与之相对应，笔者提出研究假设 6：慈善信任正向影响居民的慈善捐款行为。

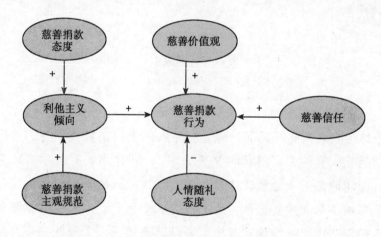

图 2 - 5 模型 4

资料来源：笔者根据研究假设，借助 EDraw Mind Map 软件绘制而成。

5. 政策措施对慈善捐款行为的影响

现有鼓励居民慈善捐款的政策措施有很多，既有一系列激励政策，也有方方面面的监督措施。那么，现有政策是促进还是阻碍了居民慈善捐款？为了探讨此问题，笔者将政策措施因素纳入模型 4 中，从而构建起模型 5，以着重探讨该因素对慈善捐款行为的影响，见图 2 - 6。

与之相对应，笔者提出研究假设 7：政策措施正向影响慈善捐款行为。

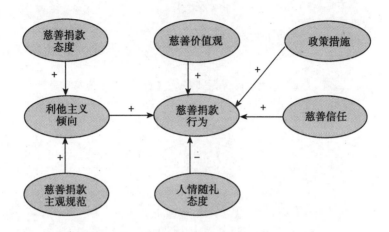

图 2 - 6　模型 5

资料来源：笔者根据研究假设，借助 EDraw Mind Map 软件绘制而成。

6. 政策措施影响居民的慈善信任

不管慈善捐款政策措施对居民慈善捐款行为存在何种影响，鉴于当前社会上出现的种种有关慈善组织公信力的质疑，而且公众对慈善制度的信任度不高，即当前广大居民对慈善信任水平不高，笔者推测：通过完善政策措施可能会提高居民的慈善信任度。

据此，笔者提出研究假设 8：政策措施正向影响居民的慈善信任。

7. 慈善价值观影响居民的慈善捐款态度

居民慈善捐款行为的发生离不开慈善价值观的促使，而慈善价值观的改变又可能会改变一个人的慈善捐款态度。例如，一个有精神信仰的人是否会更倾向于做慈善？或者一个道德层次较高的人其慈善态度又如何？据此，笔者推测：居民的慈善价值观可能会影响其慈善捐款态度。

据此，笔者提出研究假设 9：居民的慈善价值观正向影响其慈善捐款态度。

为了验证研究假设 1 到研究假设 9 这 9 个假设，并充分探讨各个因素对慈善捐款行为的影响，笔者提出中国城市居民慈善捐款行为影响因素综合理论模型（模型 6），见图 2 - 7。

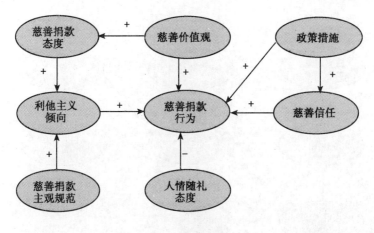

图 2 - 7　模型 6

资料来源：笔者根据研究假设，借助 EDraw Mind Map 软件绘制而成。

第三节　研究过程

一　样本基本概况

本研究计划调查 1100 人，按照人口规模成比例抽样原理，根据 2010 年沈阳市、大连市、阜新市、南京市、无锡市、宿迁市、成都市、绵阳市、遂宁市的市区人口资料，各市拟抽取样本量 = 各市人口数/总人口数（3335.9 万）× 拟抽取总样本量（1100）。因此，各市应分别抽取 203 人、120 人、26 人、236 人、117 人、50 人、253 人、46 人、50 人，合计 1101 人。由于阜新市按照抽取规则而抽取的样本量为 26 人，低于统计学要求的最小样本量 30 人，故增加到 40 人，所以最终计划样本数为 1115 个。

接下来，笔者运用计算机辅助电话调查系统（CATI）对每个城市中的居民展开随机拨号调查。在调查过程中，由于时间所限和调查困难，对样本不足的城市进行街访调查，最终的调查样本数和调查计划略有出入。因此，经过三个月的调查，最终获得有效样本 1062 个，具体情况见表 2 - 1。

表2-1 样本人口统计学特征

变量	类别	人数（个）	百分比（%）	变量	类别	人数（个）	百分比（%）	变量	类别	人数（个）	百分比（%）
年龄	18—25岁	285	26.8	婚姻	未婚	417	39.3	职业	职业1	7	0.7
	26—35岁	429	40.4		已婚	642	60.5		职业2	83	7.8
	36—50岁	220	20.7		其他	3	0.3		职业3	109	10.3
	51—60岁	72	6.8	城市	沈阳	203	19.1		职业4	39	3.7
	60岁以上	56	5.3		大连	129	12.1		职业5	73	6.9
月收入	1000元以下	121	11.4		阜新	40	3.8		职业6	414	39.0
	1001—2000元	208	19.6		南京	236	22.2		职业7	77	7.3
	2001—3000元	320	30.1		无锡	82	7.7		职业8	4	0.4
	3001—5000元	244	23.0		宿迁	48	4.5		职业9	36	3.4
	5001元以上	169	15.9		成都	267	25.1		职业10	202	19.0
学历	初中及以下	81	7.6		绵阳	35	3.3		职业11	18	1.7
	高中或中专	148	13.9		遂宁	22	2.1	信仰	无信仰	878	82.7
	大专	205	19.3	政治面貌	党员	345	32.5		信仰宗教	125	11.8
	大学本科	453	42.7		团员	211	19.9		信仰命运/神灵/祖先等	59	5.6
	研究生及以上	175	16.5		群众	491	46.2				
性别	男	571	53.8		民主党派	15	1.4				
	女	491	46.2								

说明：表2-1中的职业1—11在问卷中分别是指：（1）党政机关或事业单位正处级及以上领导干部；（2）党政机关或事业单位普通干部、普通技术人员；（3）党政机关或事业单位普通工作人员；（4）高级专业技术人员（如教授、科学家等）；（5）企业中高层管理人员；（6）企业普通工作人员；（7）个体、买卖经营者；（8）农林渔牧人员；（9）装卸、家政等零工/打工者；（10）学生、退休、离休及无工作人员；（11）军人、武警等军队人员。

资料来源：本表数据为笔者根据问卷调查数据整理所得。

从表2-1可以看出：

从各年龄层次来看，受访者以中青年人为主，打破了以往有些调查所获取样本以50岁及其以上年龄段受访者为主的状况。笔者认为，对慈善捐款这样一项大众化事业而言，受访者呈现年轻化的趋势，对于慈善事业的发展而言是一种良性的带动。

　　从月收入水平来看，受访者月收入集中在"2001—3000元"的占30.1%；其次为"3001—5000元"，占23.0%，这两者占总调查者一半以上的比重。虽然这只是笔者所调查样本的情况，但也可以代表全国现在的总体情况。笔者认为，受访者年龄年段呈年轻化趋势也能代表不少年轻人都做过慈善捐款，而中国慈善事业的长远发展也在于年轻人的努力。

　　从学历上看，鉴于本次调查的受访者呈现年轻化趋势，因此其学历也与之相对应，受访者学历以大学本科和大学专科为主，两者的比重约占总数的62.0%，这可能与笔者的抽样有关。

　　从性别上看，男女受访者所占比重相差较大，这可能与笔者的抽样有关。

　　从婚姻状况上看，本次调查的受访者和以往研究的情况差不多，均是已婚者多于未婚者，这属于正常情况。

　　从城市分布上看，大部分城市的调查计划都完成了，有的城市（如大连、成都）甚至超额完成，只有无锡、绵阳、遂宁这三个城市由于种种原因未完成，这是笔者在研究中不可回避的缺陷。

　　从政治面貌情况上看，受访者中"群众"最多，约占一半；其次为"党员"，高达32.5%。至于"党员"群体的慈善捐款行为是否与其他受访者存在差异，笔者会在第三章第二节中加以具体分析。

　　从职业分布上看，本次调查的受访者分布比较广泛，行业众多，但最多的还是"企业普通工作人员"，高达39.0%；其次是学生、退休、离休及无工作人员；再次是党政机关或事业单位普通工作人员。值得注意的是，还有4个受访者回答自己的职业是"农林渔牧人员"，按道理不应该出现这种情况，因为本次调查对象是城市居民。究其原因，笔者认为或许有两种可能：一是这可能是受访者的误解，其实他们只是从事与农林渔牧相关的工作，如销售农业生产工具的销售人员；二是这些受访者本身是农村户籍，但他们当时居住在城市中。

　　从精神信仰上看，在受访者中，虽然只有11.8%的受访者有宗教信仰，但与以往研究中"有宗教信仰的受访者所占比重"相类似——2009年笔者曾做过一项调查，在787份有效样本中，信仰基督教、佛

教、伊斯兰教、道教、天主教的受访者人数分别为 19 人、59 人、
4 人、2 人、3 人，占总样本的 11.06%。与以往研究不同的是，在本
次研究所取得的 1062 份有效样本中，有 59 个受访者表示自己信仰神
灵、祖先等，这也证实了"除了宗教信仰之外，还有一些其他信仰在
中国人的精神层面发挥着作用"；还有高达 82.7% 的受访者没有信
仰，这或许与受访者中"党员"所占比例较高有关。

总的来说，本次调查研究的样本覆盖范围已突破了省域的限制，而且
南北方城市均包括在内。最重要的是，由于笔者在配额抽样法基础上采取
了方便抽样与电话随机抽样相结合的抽样方法，因此，样本具有一定的代
表性，可以代表当前中国城市居民的慈善捐款行为情况。

二 量表质量分析

为了保证本研究所采用量表的有效性，笔者用数据进行了说
明——一是通过验证性因子分析来说明各指标与其测量维度间的关
系，二是通过克朗巴哈 α 系数来说明问卷信度。

（一）构念效度分析

本研究采用构念效度来分析问卷中各题项与其所在维度间的关
系，从而分析问卷的聚合效度。构念效度是社会行为科学测量中相对
重要的指标[①]，简单地说，就是构念与其测量间相符的程度。本研究
运用 Mplus 5.2 进行验证性因子分析，并选用稳健的最大似然估计
（MLR）对各分量表进行验证性因子分析，从而检验模型的构念效度。
因子模型的整体拟合度指标见表 2 - 2。

表 2 - 2   问卷因子模型拟合度

指标	χ^2	df	RMSEA	CFI	TLI	SRMR
结果	2599.151	436	0.068	0.806	0.780	0.075

资料来源：本表数据为笔者运用 Mplus 5.2 对问卷调查数据进行运算所得结果。

---

① 吴明隆：《结构方程模式 simplis 的应用》，五南图书出版公司 2008 年版，第 54—
62 页。

从表 2 - 2 可以看出:

因子模型的 χ^2 = 2599.151, df = 436, 卡方值与自由度比值为 5.96, 大于 5。一般认为它若小于 5 时, 表示量表能够真实地反映观察资料, 说明因子模型拟合比较好。在本研究中, 虽然这个比值大于 5, 但只是略大, 说明还是可以的, 而且其他拟合指标还是不错的;

当 RMSEA (近似误差的均方根) 等于或小于 0.05 时, 表示 "良好拟合"; 0.05—0.08 可以视其为 "算是不错的拟合"; 0.08—0.10 则是 "中度拟合"; 大于 0.10 表示不良拟合。该因子模型的 RMSEA = 0.068, 可以说是不错的模型拟合;

因子模型的 TLI (NNFI, 不规范拟合指数) = 0.780, CFI (比较拟合指标) = 0.806。一般认为, 这两个指数大于 0.90 为良好拟合。该模型的 CFI 接近判断值 0.90, TLI 离 0.90 则远些, 因此, 单从这两个指标看, 该模型拟合稍欠理想;

标准化残差均方根 (Standardized Root Mean square Rresidual, SRMR) = 0.075, 小于判断值 0.08, 表明模型整体的残差很小, 拟合良好。由于 TLI 样本波动性较大, 而 CFI 对模型简效性不敏感[1], 所以笔者认为对于这样一个大样本且较为复杂的模型来说, 以上拟合指标已经相当不错了。总体来看, 问卷与数据整体拟合良好。

各结构变量观测指标的因子载荷系数是反映指标与所属结构变量关系的重要指标。一项指标的因子载荷系数越大, 说明其与所属结构变量关系越密切。[2] 笔者对各结构变量进行构念效度检验结果见表 2 - 3。

从表 2 - 3 可以看出, 慈善捐款态度、慈善价值观、慈善信任、人情随礼态度四个潜变量均能被其对应的观测变量较好地诠释出来, 其所对应的因子载荷标准化系数除少数几个外都大于 0.5, 且高度显著; 而慈善捐款主观规范、利他主义倾向和慈善捐款行为三个潜变量中, 虽然它们所对应的某几个观测变量的因子载荷标准化系数小于 0.40, 不满足传统的因子载荷截断值 0.40 (说明它是潜变量的弱标

---

① 侯杰泰、温忠麟、成子娟:《结构方程模型及其应用》, 教育科学出版社 2004 年版, 第 190—191 页。

② 黄芳铭:《结构方程模式理论与应用》, 中国税务出版社 2005 年版, 第 263—266 页。

识），但是这些观测变量的因子载荷统计显著，因此，笔者在模型中保留该因子标识，即保留该观测变量。以上种种迹象都说明，各量表均能较好地反映主题。

表 2 - 3　　　　　　　　　　　　问卷构念效度

维度	题项	因子载荷	标准误	P 值
慈善捐款态度	慈善捐赠是件愉快的事。	0.735	0.019	0.000
	慈善捐赠是件有意义的事。	0.711	0.020	0.000
	慈善捐款可以提升自己的道德修养、体现自身价值。	0.766	0.019	0.000
	慈善捐款可以使自己获得心理安慰并且会感到很高兴。	0.818	0.013	0.000
	慈善捐款并不会耗费太多时间、精力和钱。	0.553	0.026	0.000
	"通过捐款来提升自己道德修养、体现自身价值"是值得的。	0.756	0.018	0.000
	"通过捐款来使自己获得心理安慰和愉快的心情"是值得的。	0.823	0.014	0.000
	"即使捐款会耗费一定的时间、精力和金钱"也是值得的。	0.793	0.016	0.000
慈善捐款主观规范	亲友会赞同你慈善捐款。	0.733	0.030	0.000
	同事、单位领导、社区领导、老师等也会赞同你慈善捐款。	0.715	0.033	0.000
	是否捐款，亲友的看法对你很重要。	0.403	0.053	0.000
	是否捐款，同事、单位领导、社区领导等的看法对你很重要。	0.373	0.056	0.000
	对你有影响的人，大部分赞同你在未来一年里去慈善捐款。	0.677	0.026	0.000
慈善价值观	你认为给予别人是一种美德。	0.692	0.022	0.000
	当有人处于紧急情况或困境时，帮助对方是我们的道德义务。	0.713	0.024	0.000
	出于对弱者同情、爱心，你觉得自己应该为那些需要帮助的人捐款。	0.763	0.021	0.000
	对别人捐款，你认为自己将来也可能会得到他人的帮助。	0.532	0.030	0.000
	你相信慈善捐款可以行善积德，这种想法会促使你捐款。	0.582	0.030	0.000
慈善信任	你认为大部分人值得信任，所以那些求助者真的遇到了困难。	0.493	0.033	0.000
	你相信中国现在的慈善制度还是比较好的。	0.834	0.022	0.000
	虽然当前出现了一些诸如"郭美美事件"等负面事件，但你仍相信大部分慈善机构能尽职尽责。	0.833	0.020	0.000

续表

维度	题项	因子载荷	标准误	P 值
人情随礼态度	对亲戚朋友人情随礼才是够意思、讲道义、尽义务。	0.680	0.027	0.000
	对亲戚朋友等人情随礼，会让双方的关系越走动越亲近。	0.773	0.022	0.000
	对亲戚朋友的人情随礼是一种变相投资，将来也会得到回报。	0.703	0.028	0.000
	你坚信"礼尚往来是做人的准则"，所以你愿意人情随礼。	0.685	0.025	0.000
利他主义倾向	在未来一年里，你可能会为了"能减免部分个人所得税"或"日后能得到他人的帮助"而去捐款。	0.478	0.047	0.000
	在未来一年里，你向身处困境中的陌生人捐款并不是为了得到回报，只是想让自己的精神得到满足。	0.489	0.042	0.000
	在未来一年里，你只会把钱捐给有困难的父母、兄弟、姐妹等亲属。	0.350	0.043	0.000
捐款行为	2011 年一年里，您曾经向陌生人捐了多少钱。	0.320	0.077	0.000
	2011 年一年里，您向慈善组织或慈善机构捐了多少钱。	0.594	0.079	0.000
政策措施	捐款后，如果给你一定奖励或税收减免，那你以后继续捐款的可能性会增加。	0.602	0.047	0.000
	如果有严格的监控措施来保证你的捐款得到合理使用，会促使你捐款。	0.446	0.042	0.000

资料来源：本表数据为笔者运用 Mplus5.2 对问卷调查数据进行运算所得结果。

检测问卷质量的效度除聚合效度外，区分效度也是测量指标之一。笔者对各量表进行相关分析，相关系数如表 2 - 4 所示。

表 2 - 4　　　　　　　　各量表间的相关系数

量表	捐款态度	捐款主观规范	慈善信任	慈善价值观	人情随礼态度	政策措施	利他主义倾向	捐款行为
捐款态度	1	0.609 **	0.434 **	0.286 **	0.695 **	0.336 **	0.444 **	0.159 **
捐款主观规范		1	0.487 **	0.321 **	0.551 **	0.349 **	0.423 **	0.101 **
慈善信任			1	0.274 **	0.377 **	0.119 **	0.369 **	0.112 **
慈善价值观				1	0.359 **	0.353 **	0.429 **	- 0.045
人情随礼态度					1	0.391 **	0.479 **	0.065 *

续表

量表	捐款态度	捐款主观规范	慈善信任	慈善价值观	人情随礼态度	政策措施	利他主义倾向	捐款行为
政策措施						1	0.437 **	0.014
利他主义倾向							1	0.013
捐款行为								1

说明：** 表明此相关系数在进行双尾检验时在 0.01 水平上显著相关。

* 表明此相关系数在进行双尾检验时在 0.05 水平上显著相关。

资料来源：本表数据为笔者运用 SPSS17.0 对问卷调查数据进行运算所得结果。

从表 2-4 可知，除捐款态度与捐款主观规范、人情随礼态度的相关系数大于 0.6 外，其余各变量间的相关系数均相对较小。虽然以上两组题项的设计内容及设计角度完全不同，但它们之间可能会存在某种相互影响的关系，而且，由于此处的相关分析只是简单的线性相关，各变量间可能存在某种虚假关系。总体来说，各量表还算具有较好的区分效度。

（二）信度分析

克朗巴哈 α 系数是目前最常用的信度系数，一般认为总量表的克朗巴哈 α 信度系数在 0.7 以上，则问卷的可靠性较高。如果 α 过小，可以结合因子分析结果来改善系数。本研究应用 SPSS17.0 对所有量表的信度进行检验，结果见表 2-5。

表 2-5　　　　　分量表和总量表的克朗巴哈 α 系数

名称	捐款态度	捐款主观规范	利他主义倾向	捐款行为	慈善价值观	人情随礼态度	慈善信任	政策措施	总量表
α值	0.908	0.727	0.411	0.314	0.776	0.801	0.749	0.413	0.921
题数	8	5	3	2	5	4	3	2	30

说明：此处在测量总量表的α值时应该是要计算 32 个题目的，但正如上文所述，捐款行为是采取"受访者具体所捐款数"为数据源来测量的，并不像其他变量那样采用里克特 7 级量表，因此，当笔者加入"捐款行为"这个变量的两个题目到总量表中时，严重扰乱了总量表的正常测量，而在笔者只分析其他 30 个题目时，问卷量表的克朗巴哈α值则很高，故笔者决定采用后者，即此处在计算总量表α值时排除了"捐款行为"变量而只计算了其他 30 个指标题目。

资料来源：本表数据为笔者运用 Mplus 5.2 对问卷调查数据进行运算所得结果。

　　从表 2 – 5 可以看出，除利他主义倾向、捐款行为和政策措施等变量外，其他几个量表的克朗巴哈 α 系数都大于 0.7，而且总量表信度系数甚至达到 0.921，这说明问卷的可靠性和稳定性是比较好的。而利他主义倾向量表信度系数较低的原因，可能是由于测量题数较少，也可能是由于测量题项内容本身的问题；至于捐款行为量表信度系数较低的原因，一是它通过受访者"具体所捐钱数"来测量，所以测量范围较广，数据离散程度大；二是这个量表本身测量题数太少。

第三章

中国城市居民慈善捐款行为的
基本状况和特点

　　中华民族有着优良的文化传统和互帮互助的精神——"国家兴亡、匹夫有责"，"一方有难，八方支援"。慈善救助作为政府社会保障的重要补充，具有调节社会秩序与促进社会和谐的作用，当发生天灾人祸、危机动乱、贫富悬殊等情况时，政府有时并不能及时有效地应对，慈善便以超越政府和国家的力量，无分畛域、人种和国界，用善心呼唤社会中的个人与团体捐款捐物、相帮互助、扶贫济困、救伤葬亡，从而达到解救民生困苦与消除社会乱象的目的。例如，1998年发生特大洪涝灾害后，社会各界捐助的慈善款项高达50.2亿元，而中央财政所拨的抗洪救济款只有41亿元左右；2008年汶川地震，同样再次激发了中国人民的慈善热情。

　　近几年，随着慈善事业在促进社会和谐中所发挥的作用越来越受到重视，中国各个年份社会慈善捐赠总额逐渐增加，广大居民的捐赠水平有一定提高，中国慈善事业经历了翻天覆地的变化。

　　从社会慈善捐赠额看，目前中国社会慈善捐赠较20世纪90年代已有较大发展。但在第一章第二节笔者提到，目前中国居民人均捐款额少且未形成日常性捐款，居民个人慈善捐款多在大灾大难后短暂呈现。那么，在本研究中，中国城市居民慈善捐款行为的具体情况如何？不同群体的慈善捐款行为有何不同？居民慈善捐款认知有何特点？笔者会在接下来的研究中回答。

　　为了尽可能地使受访者都是有过捐款行为的人，以更好地探讨究竟是什么因素影响了其捐款行为，笔者在问卷调查的第一个题项就设置了甄别题项"最近两三年内，你是否做过慈善捐款"。笔者认为，设置筛选受访者做慈善捐款的"时间范围"既不能太短又不能太长，而笔者上一次关于居民慈善问题的调查是在2008年汶川地震后半年内展开的调查，故有些数据带有"地震后慈善"的特征，因此，此次研究笔者决定将受访者"曾经做慈善捐款的时间范围"设定为"最近两三年内"。

第一节　中国城市居民慈善捐款行为的总体状况

一　居民向陌生人捐款的基本情况

为了调查受访者在2011年向陌生人捐款的基本情况，笔者设计了"2011年一年里，您曾经向陌生人捐了多少钱"一题。具体描述结果见表3－1。

表3－1　　　　　　2011年受访者向陌生人捐款的基本情况

捐款额（元）	频数（人数）	百分比（%）	捐款额（元）	频数（人数）	百分比（%）
0	171	16.1	200	90	8.5
1	8	0.8	210	1	0.1
2	34	3.2	250	1	0.1
4	2	0.2	300	48	4.5
5	30	2.8	330	1	0.1
7	1	0.1	350	3	0.3
10	110	10.4	400	15	1.4
15	2	0.2	450	1	0.1
20	65	6.1	500	62	5.8
25	1	0.1	550	1	0.1
30	24	2.3	600	6	0.6
40	7	0.7	700	2	0.2
50	115	10.8	800	9	0.8
55	2	0.2	1000	39	3.7
60	6	0.6	2000	14	1.3

续表

捐款额（元）	频数（人数）	百分比（%）	捐款额（元）	频数（人数）	百分比（%）
70	5	0.5	3000	3	0.3
75	1	0.1	3500	1	0.1
80	9	0.8	4000	2	0.2
90	1	0.1	4500	1	0.1
100	150	14.1	5000	4	0.4
120	5	0.5	总计	1062	100
150	9	0.8			

资料来源：本表数据为笔者根据问卷调查数据整理所得。

由表 3－1 可知，尽管笔者在问卷调查的第一个题项就设置了甄别题项"最近两三年内，你是否做过慈善捐款"，但在 1062 份有效问卷中，仍有 171 个受访者在 2011 年一年中没有向陌生人捐过款，占 16.10%。除了这些未做过慈善捐款的人之外，针对表中捐款额分布情况及受访者所占人数百分比，笔者认为可以将捐款额划分为以下几个范围：1—10 元、11—50 元、51—100 元、101—300 元、301—500 元、501—1000 元、1001 元以上。笔者认为，此划分范围可以为以后的研究提供借鉴。

根据以上划分：有 185 个受访者在 2011 年一年中向陌生人捐款为 1—10 元，占 17.5%；有 214 个受访者的捐款额在 11—50 元，占 20.2%；有 174 个受访者的捐款额在 51—100 元，占 16.4%；有 154 个受访者的捐款额在 101—300 元，占 14.5%；有 82 个受访者的捐款额在 301—500 元，占 7.7%；有 57 个受访者的捐款额在 501—1000 元，占 5.4%；另有 25 个受访者在 2011 年一年中向陌生人捐款 1001 元以上。同时，对所有受访者在 2011 年一年中向陌生人的慈善捐款额进行均值分析发现，均值为 211.43，即他们的平均捐款额为 211.43 元。

二　居民向慈善组织捐款的基本情况

为了调查受访者在 2011 年向慈善组织捐款的基本情况，笔者设计了"2011 年一年里，您向慈善组织捐了多少钱"一题，具体描述结果见表 3 - 2。

表 3 - 2　　　2011 年受访者向慈善组织捐款的基本情况

捐款额（元）	频数（人数）	百分比（%）	捐款额（元）	频数（人数）	百分比（%）
0	618	58.2	320	1	0.1
1	3	0.3	350	3	0.3
2	2	0.2	400	17	1.6
3	1	0.1	450	1	0.1
5	1	0.1	500	42	4.0
10	16	1.5	550	1	0.1
20	13	1.2	600	7	0.7
30	4	0.4	700	2	0.2
50	47	4.4	800	5	0.5
60	3	0.3	1000	23	2.2
80	1	0.1	1500	1	0.1
90	1	0.1	2000	14	1.3
100	119	11.2	2500	1	0.1
120	1	0.1	3000	4	0.4
150	3	0.3	4000	2	0.2
200	72	6.8	5000	1	0.1
300	32	3.0	总计	1062	100.0

资料来源：本表数据为笔者根据问卷调查数据整理所得。

由表 3 - 2 可知，与"16.1% 的受访者在 2011 年一年中未曾向陌生人捐过款"相比，58.2% 的受访者在 2011 年一年中未向慈善组织捐过款，笔者将此题项与受访者对"现在虽然出现了一些有关慈善组织的负面事件（如'郭美美事件'），但你仍相信大部分慈善机构能尽职尽责"一题进行交叉表分析发现：在 618 名未捐款的受访者中，有 305 个受访者对此题打分不高于"3 分"，还有 118 个受访者打"4 分"，两者总计有 423 人，据此，笔者推测：受访者在 2011 年一年中未向慈善组织捐款，部分原因是他们对其信任程度低。

除了未做过慈善捐款的人之外，针对表中捐款额分布情况及受访者所占百分比，笔者认为可以将捐款额划分为以下几个范围：1—50

元、51—100 元、101—200 元、201—500 元、501—1000 元、1000—
2000 元、2001 元以上。

　　根据笔者对受访者在 2011 年一年中向慈善组织所捐额度的划分，
将其进行归纳可知：有 87 人在 2011 年一年中向慈善组织捐款额不高
于 50 元的占 8.2%；有 124 人的捐款额在 51—100 元，占 11.7%；
有 76 人的捐款额在 101—200 元，占 7.2%；有 96 人捐款额在 201—
500 元，占 9.1%；有 38 人捐款额在 501—1000 元，占 3.7%；有 15
人捐款额在 1000—2000 元，占 1.40%；另有 8 人在 2011 年一年中慈
善组织捐款 2001 元以上。同时，对所有受访者在 2011 年一年中向慈
善组织的捐款额进行均值分析发现，均值为 150.18。

　　综上所述，受访者在 2011 年一年中向陌生人和慈善组织分别捐
款 211.43 元和 150.18 元，即他们向陌生人的平均捐款额要多于其向
慈善组织的平均捐款额，而受访者在 2011 年一年中未向慈善组织捐
款的部分原因是他们对其信任程度低。为了方便在第三章第二节中对
不同群体的慈善捐款行为进行比较分析，笔者将受访者向陌生人和向
慈善组织的捐款额进行相加组成新变量“总慈善捐款行为”后再计算
其平均捐款额，则其年均数额为 361.61 元。需要说明的是，由于在
调查问卷开始处设置了甄别题项“最近两三年内，你是否做过慈善捐
款”并规定只有回答“是”的受访者才可以继续回答，也就是说，本
研究的受访者大部分都是做过慈善捐款者，而且受访者的年龄都是 18
周岁以上人员，因此笔者对受访者平均慈善捐款额的测算与其他学者
对全国人均慈善捐款额的测算角度不同，故此处显示的受访者捐款额
较其他学者的研究结果要高。

三　居民慈善捐款状况小结

　　表 3 - 1 和表 3 - 2 主要描述了广大受访者在 2011 年一年中向陌生
人和慈善组织等的慈善捐款情况，但这并不能充分说明当前中国城市
居民的慈善捐款行为究竟处于何种状况。因此，笔者接下来再从不同
收入群体的捐款额度与收入关系的角度来探讨。

　　单从年平均慈善捐款额来看，除“1001—2000 元”收入群体外，

从"1000元以下"到"5001元以上"收入群体的年平均慈善捐款额呈逐渐增多趋势。具体而言:"1000元以下"群体的年平均捐款额为151.1818元,"1001—2000元"群体的年平均捐款额为348.3221元,"2001—3000元"群体的年平均捐款额为320.7969元,"3001—5000元"群体的年平均捐款额为417.3525元,"5001元以上"群体的年平均捐款额为525.4615元。也就是说,从绝对慈善捐款额看,收入越多的人,其慈善捐款额越高。

但仅从受访者的年平均慈善捐款额并不能深刻反映当前中国城市居民的慈善捐款水平,因此,笔者将受访者在2011年一年中向陌生人和慈善组织的捐款总额除以其年收入,通过计算居民年慈善捐款总额在其年收入中所占的比重(即捐款收入比)来考察居民的慈善行为水平高低。但是,由于本研究中设置了"受访者月收入"一题,其中各选项的设置分别为"1000元以下、1001—2000元、2001—3000元、3001—5000元、5001元以上"等形式的数值,因此,笔者选取每个收入段的中位数替换为受访者的实际月收入,即受访者的月收入类别简化为"500元、1500元、2500元、4000元、5000元",然后再将替换后的月收入乘以12个月,从而计算出每个受访者的年收入。计算后的慈善捐款额占年收入百分比见表3-3。

表3-3　　　　2011年居民慈善捐款额占年收入百分比

捐款收入比	6000元	18000元	30000元	48000元	60000元	总计(人数)
0—0.099%	17	36	93	62	66	280
0.100%—0.299%	7	35	40	47	23	152
0.300%—0.999%	37	51	107	60	45	300
1.000%—2.999%	21	55	52	64	19	211
3.000%—10.000%	2	15	24	8	15	88
10.000%以上	1	12	4	3	1	27
总计(人数)	121	208	320	244	169	1062

资料来源:本表数据为笔者根据问卷调查数据整理所得。

由表3-3可知,总计有732个受访者的年慈善捐款额占年收入百分比低于1.000%,占总样本比例的68.93%,即68.93%的受访者把低于其年收入的1%用作慈善捐款，可以说，用于捐款的钱是比较少的。不过，由表3－3也可以看出：有211个受访者的年慈善捐款额占年收入百分比在1.000%—2.999%，占总样本比例的19.87%；但年慈善捐款额占年收入百分比高于3.000%的受访者则很少。

同时，由表3－3可知，在这732个受访者中，年收入在6000元、18000元、30000元、48000元和60000元的人数分别是61人、122人、240人、169人和134人，他们在各自"纵向列"（即121人、208人、320人、244人、169人）中所占的比例分别为50.41%、58.65%、75.00%、69.26%和79.29%，具体而言：在年收入6000元和18000元者中，分别有一半左右的捐款者的"捐款收入比"低于1.000%，而年收入在30000元、60000元和48000元者中，则分别有七成以上以及近七成的受访者的"捐款收入比"低于1.000%，即前者似乎比后者"更慷慨"。

为了详细比较不同收入者的"捐款收入比"差异，笔者首先分析不同收入群体的"捐款收入比"的平均值，具体结果见表3－4。

表3－4　　　　　　　　不同收入群体的捐款收入比的均值

收入 变量	1000元以下	1001—2000元	2001—3000元	3001—5000元	5001元以上
捐款收入比 的均值	0.02520	0.01935	0.01069	0.00869	0.00876

资料来源：本表数据为笔者根据问卷调查数据整理所得。

由表3－4可知，"1000元以下"群体的"捐款收入比"的平均值为2.520%，即他们平均将2.520%的年收入用于慈善捐款；"1001—2000元"群体的"捐款收入比"的平均值为1.935%；"2001—3000元"群体的"捐款收入比"的平均值为1.069%；而"3001—5000元"和"5001元以上"群体的"捐款收入比"的平均值则分别为0.869%和0.876%。可见，随着收入的增加，人们的"捐款收入比"逐渐降低，即人们变得更加"吝啬"。

为比较不同收入群体的"捐款收入比"间的差异性，笔者对其进行克鲁斯凯—沃里斯H检验（Kruskal－Wallis H），结果表明，Chi－

Square 统计量为 47.665，自由度 df 为 4，近似相伴概率 P 值为 0.000，这说明不同收入群体的"捐款收入比"确实差异显著。

　　综上所述，目前中国城市居民的收入捐款比确实较低，68.93% 的受访者的年慈善捐款额支出占其年收入比例在 0—1%，其中在 2011 年一年中未做过慈善捐款（即从未向陌生捐款也未向慈善组织捐款）的比例为 12.84%；而且收入越多的人，其捐款收入比反而越低，这些都再次说明了目前中国城市居民慈善捐款较少，收入越高的人，其慈善热情反而未被充分激发出来。同时，鉴于笔者调查的受访者慈善捐款行为是 2011 年一年中的行为，而 2011 年中国并未发生大灾大难，因此，居民慈善捐款额小也说明了这种行为并未成为人们的日常行为。

第二节　不同群体的慈善捐款行为状况

　　上文从总体上分析了城市居民在 2011 年一年中向陌生人、慈善组织等捐款对象曾做过捐款的基本状况，但不能揭示不同受访者群体间的慈善捐款行为情况及其差异性。对此，笔者从人口统计学特征入手，将受访者划分为不同群体，运用 SPSS17.0 统计软件中的 t 检验、多独立样本非参数检验等分析方法来进行分析。人口统计学变量是一个统计学概念，它通常包括性别、年龄、婚姻状况、民族、文化程度、收入、职业、政治面貌、信仰等，这些是每个受访者都具备的。本研究所指的不同群体就是基于这些变量来划分的。需要注意的是，这里的"慈善捐款行为"包括每个受访者在 2011 年一年中的两部分捐款，即受访者向陌生人捐款、向慈善组织等捐款，此变量是笔者将受访者向陌生人和向慈善组织的捐款额进行相加组成的。

一　不同性别群体的慈善捐款行为

　　男女受访者在慈善捐款行为方面是否不同？笔者首先比较二者的年平均慈善捐款额。分析发现：男性受访者在 2011 年一年中的平均慈善捐款额为 371.58 元，女受访者的平均捐款额则为 350.03 元，二者相差无几。那么，究竟二者是否存在显著性差异？笔者用 t 检验来进行分析，具体结果见表 3 - 5。

表 3 - 5　　　　　　　　　男女群体捐款行为独立样本 t 检验

	方差方程的 Levene 检验		均值方程的 t 检验						
	F	Sig.	t	df	Sig.（双侧）	均值差异	标准误	差值的95%置信区间 下限	上限
假设方差相等	0.391	0.532	0.487	1060	0.626	21.551	44.234	-65.244	108.347
假设方差不等			0.484	1007.622	0.628	21.551	44.493	-65.758	108.860

资料来源：本表数据为笔者运用 SPSS17.0 对问卷调查数据计算所得。

通过表 3 - 5 可以看出，在方差方程的 Levene 检验中，F 值统计量为 0.391，其对应的概率 P 值为 0.532，大于 0.05，说明两组数据的方差相等。接着观察"假设方差相等"行所对应的均值 t 检验的检验结果，由于 t 统计量对应的双尾概率 P 值为 0.626，大于显著性水平 0.05，因此认为男女两群体的均值不存在统计意义下的显著性差异。这一结论同刘武等关于男女慈善行为差异的研究结果相同。[1] 可见，当以"做慈善的次数"或"捐款额"为因变量来测量两性群体间的慈善行为差异时，二者并无显著差异。

丽塔·昆塔斯（Rita Kottasz）对英国人的调查结果显示：男性与女性在慈善行为上有很大差异，但这种差异主要体现在兴趣方面。男性对社会艺术、文化等慈善捐赠更感兴趣，从而增强社会地位，而女性则对有信誉的慈善组织更感兴趣，从而得到社会对个人的认可。[2] 对于男女在慈善行为次数上是否存在差异性，丽塔·昆塔斯并没有调查。

---

① 刘武、杨晓飞、张进美：《城市居民慈善行为的群体差异——以辽宁省为例》，《东北大学学报》（社会科学版）2010 年第 5 期。

② Rita Kottasz, "Difference in the Donor Bahavior Characteristics of Young Affluent Males and Females: Empirical Evidence From Britain", *International Journal of Voluntary and Nonprofit Organizations*, Vol. 15, No. 2, June 2004, p. 198.

二　不同年龄群体的慈善捐款行为

随着年龄增长，人们的心理会产生差异，那么，不同年龄群体的慈善捐款行为有何不同呢？笔者分析不同年龄群体的年平均捐款额发现：各年龄段群体的平均慈善捐款额差距较大，见表3-6。

表3-6　　　　　　2011年不同年龄段群体的平均捐款额

年龄	年平均捐款额（元）	人数（个）
18—25 岁	249.0596	285
26—35 岁	304.4825	429
36—50 岁	515.7864	220
51—60 岁	457.2778	72
61 岁及以上	643.4643	56
总计	361.6158	1062

资料来源：本表数据为笔者根据问卷调查数据整理所得。

由表3-6可知："18—25岁"人群的年平均慈善捐款额最少，可能是由于这部分人群主要是学生或者是刚参加工作者，没有太多收入做慈善。但在2011年英国慈善援助基金会根据盖洛普公司在153个国家和地区的调查所发布的"世界捐助指数"（World Giving Index）报告中，15—24岁人群捐赠最多。[①] 在本研究中，"61岁及以上"群体的年平均捐款额最多，这可能主要是由于这些人本身已经是退休人员，他们若无大病、大灾难支出，也无其他大额支出，因此很多人会利用自己的绵薄之力去多做点慈善；而"51—60岁"群体较"61岁及以上"群体捐款少得多的原因，则可能是由于这部分人一般处于"人生大事"较多的阶段，各项支出较大而无能力做慈善，如为儿女买房、为儿女筹备婚礼等。

同时，从表3-6还可以发现，除"36—50岁"外，年平均捐款

---

① Dr John Low, *WORLD GIVING INDEX* 2011, UK: Charities Aid Foundation, 2011, p. 51.

额从"18—25 岁"开始到"36—50 岁"呈现逐渐增加趋势。为了更清晰地表现这种增加趋势，笔者利用 SPSS17.0 绘制的图 3-1。

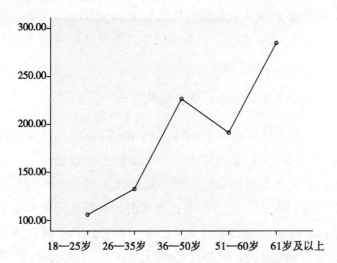

图 3-1　2011 年不同年龄段群体的平均捐款额

资料来源：本图为笔者根据问卷调查数据整理所绘制。

那么，不同年龄群体的慈善捐款行为是否存在显著性差异呢？笔者先对其进行单因素方差分析，但通过方差齐性检验时，Levene 统计值为 14.017，由于概率 P 值（0.000）小于显著性水平（0.05），故认为样本方差不相等，即不满足进行方差分析的前提条件。因此，笔者对其采用克鲁斯凯—沃里斯 H 检验（Kruskal - Wallis H）方法进行分析，具体检验结果见表 3-7。

表 3-7　　　　　　　Kruskal - Wallis H 检验秩统计表及结果表

年龄	样本数（n = 1062）	平均秩	统计指标	统计结果
18—25 岁	285	490.59		
26—35 岁	429	516.31	Chi - Square	18.282
36—50 岁	220	595.19	df	4
51—60 岁	72	538.28	Asymp. Sig.	0.001
61 岁及以上	56	597.18		

资料来源：本表数据为笔者运用 SPSS17.0 对问卷调查数据计算所得。

由表 3-7 可知，比较不同年龄群体的平均秩可以看到，各年龄群体的年平均慈善捐款额差距较大；且通过克鲁斯凯—沃里斯 H 检验（Kruskal – Wallis H）可获得检验结果为：Chi – Square 统计量为 18.282，自由度 df 为 4，近似相伴概率 P 值为 0.001，小于显著性水平 0.05，所以拒绝零假设，认为不同年龄群体的年平均慈善捐款额差异显著。

三　不同婚姻状况群体的慈善捐款行为

罗马剧作家安德里亚·特伦斯（Andria Terence）曾经说过"慈善始于家庭"，亚瑟·C. 布鲁克斯在《谁会真正关心慈善》一书中也提到"当我们在分析慈善捐赠的时候，结婚和离婚也是不可忽视的家庭因素"[1]。在本研究中，受访者也会因其婚姻状况不同而捐款状况不同吗？对此，笔者分析受访者在 2011 年一年中的平均捐款额发现：已婚群体的年平均捐款额为 251.6763 元，而未婚群体的年平均额为 432.8302 元，两者相差较大。那么，究竟两者是否存在显著性差异呢？笔者用 t 检验进行分析，结果见表 3 – 8。其实，在调查中还有 3 名受访者为"其他"婚姻状态，样本太小，因此笔者在此进行分析时未将其纳入在内，故选择用 t 检验。

表 3 – 8　　　不同婚姻状况群体的捐款行为独立样本 t 检验

	方差方程的 Levene 检验		均值方程的 t 检验						
	F	Sig.	t	df	Sig.（双侧）	均值差异	标准误差值	差值的95%置信区间	
								下限	上限
假设方差相等	25.470	0.000	-4.033	1057	0.000	-181.154	44.917	-269.290	-93.018
假设方差不相等			-4.316	1046.229	0.000	-181.154	41.971	-263.511	-98.797

资料来源：本表数据为笔者运用 SPSS17.0 对问卷调查数据计算所得。

由表 3 – 8 可以看出，在方差方程的 Levene 检验中，F 值统计量为 25.470，其对应的概率 P 值为 0.000，小于 0.05，说明两组数据的

① ［美］布鲁克斯：《谁会真正关心慈善》，王青山译，社会科学文献出版社 2008 年版，第 78—90 页。

方差不相等。接着观察"假设方差不相等"行所对应的均值 t 检验的检验结果，由于 t 统计量对应的双尾概率 P 值为 0.000，小于显著性水平 0.05，因此认为已婚和未婚者两群体的均值存在统计意义下的显著性差异，即已婚群体和未婚群体的慈善捐款行为确实不同。

四 不同文化程度群体的慈善捐款行为

由于受教育程度不同，导致个人之间在素质、知识等方面也可能产生差异。那么，不同文化群体的慈善捐款行为有何不同呢？笔者分析不同文化程度群体的年平均捐款额发现：不同文化程度群体的平均慈善捐款额差距较大，见表 3 – 9。

表 3 – 9　　　　　　　2011 年不同文化程度群体的平均捐款额

文化程度	年平均捐款额（元）	人数（个）
初中及以下	365.9259	81
高中或中专	507.6419	148
大专	361.3951	205
大学本科	339.5210	453
研究生及以上	293.5771	175
总计	361.6158	1062

资料来源：本表数据为笔者根据问卷调查数据整理所得。

由表 3 – 9 可知，除"高中或中专"文化程度群体外，其他文化程度群体的年平均慈善捐款额相差并不大。但不同文化程度群体的慈善捐款行为是否存在显著性差异呢？笔者先对其进行单因素方差分析，但通过方差齐性检验时，Levene 统计值为 2.621，由于概率 P 值（0.034）小于显著性水平（0.05），故认为样本方差不相等，即不满足进行方差分析的前提条件。因此，笔者对其采用克鲁斯凯—沃里斯 H 检验（Kruskal – Wallis H）方法进行分析，具体检验结果见表 3 – 10。

表 3 - 10 　　　　Kruskal – Wallis H 检验秩统计表及结果表

文化程度	样本数（n = 1062）	平均秩	统计指标	统计结果
初中及以下	81	499.42		
高中或中专	148	616.21	Chi – Square	17.935
大专	205	547.23	df	4
大学本科	453	521.87		
研究生及以上	175	481.20	Asymp. Sig.	0.001

资料来源：本表数据为笔者运用 SPSS17.0 对问卷调查数据计算所得。

由表 3 - 10 可知，比较不同文化程度群体的平均秩可以看到，各文化程度群体的年平均慈善捐款额差距较大；且通过克鲁斯凯—沃里斯 H 检验（Kruskal – Wallis H）的检验结果可知，Chi – Square 统计量为 17.935，自由度 df 为 4，近似相伴概率 P 值为 0.001，小于显著性水平 0.05，所以拒绝零假设，认为不同文化程度群体的年平均慈善捐款额差异显著，即不同文化程度群体的慈善捐款行为不同。同时，在本研究中，"高中或中专" 文化程度群体的年平均慈善捐款额与其他群体相比最高，这让笔者感到匪夷所思。

五　不同收入群体的慈善捐款行为

亚瑟·C. 布鲁克斯提到："当收入增加 10% 的时候，捐款会随之上升 7% 左右，甚至在限制其他因素后，比如不考虑教育程度、年龄和种族等，结果也是一样的。"[1] 那么，在中国，居民收入与其慈善捐款额之间存在何种关系呢？为此，笔者对两者进行一元线性回归分析，并运用 SPSS17.0 对模型进行拟合度检验，结果得出：此模型 R^2 为 0.017，调整 R^2 为 0.016，具体参数估计结果见表 3 - 11。

---

[1] ［美］布鲁克斯：《谁会真正关心慈善》，王青山译，社会科学文献出版社 2008 年版，第 58—75 页。

表 3 – 11　　　　　　　一元线性回归模型的参数估计结果

模型	非标准化系数		标准系数	t	Sig.
	B	标准误差	试用版		
（常量）	121. 419	59. 869		2. 028	0. 043
总慈善捐款额	76. 880	17. 839	0. 131	4. 310	0. 000

说明：这里的总慈善捐款额是指受访者在 2011 年一年中向陌生人和慈善组织等的捐款总额。

资料来源：本表数据为笔者运用 SPSS17.0 对问卷调查数据计算所得。

由表 3 – 11 可知，当居民收入提高 1 个单位，则其慈善捐款额会相应增加 0. 131 个单位，因此，提高居民收入是促进不同群体慈善捐款的关键。

那么，不同收入群体的慈善捐款行为是否相同呢？其实，单从年平均慈善捐款额来看，除 "1001—2000 元" 收入群体外，从 "1000 元以下" 到 "5001 元以上" 收入群体的年平均慈善捐款额呈逐渐增多趋势，这一点由第三章第一节对不同收入群体的年平均慈善捐款额的论述可知。

但不同收入群体的慈善捐款行为是否存在显著性差异呢？笔者先对其进行单因素方差分析，但通过方差齐性检验时，Levene 统计值为 10. 671，由于概率 P 值 （0. 000） 小于显著性水平 （0. 05），故认为样本方差不相等，即不满足进行方差分析的前提条件。因此，笔者对其采用克鲁斯凯—沃里斯 H 检验 （Kruskal – Wallis H） 方法进行分析，具体检验结果见表 3 – 12。

表 3 – 12　　　　　　Kruskal – Wallis H 检验秩统计表及结果表

月收入	样本数 （n = 1062）	平均秩	统计指标	统计结果
1000 元以下	121	429. 34		
1001—2000 元	208	535. 02	Chi – Square	22. 354
2001—3000 元	320	515. 48	df	4
3001—5000 元	244	582. 74	Asymp. Sig.	0. 000
5001 元以上	169	556. 67		

资料来源：本表数据为笔者运用 SPSS17.0 对问卷调查数据计算所得。

由表 3 - 12 可知，比较不同收入群体的平均秩大小可知，各收入群体的年平均慈善捐款额差异较大；且通过克鲁斯凯—沃里斯 H 检验（Kruskal - Wallis H）的检验结果可知，Chi - Square 统计量为22.354，自由度 df 为 4，近似相伴概率 P 值为 0.000，小于显著性水平 0.05，所以拒绝零假设，认为不同收入群体的年平均慈善捐款额差异显著，即不同收入群体的慈善捐款行为不同。

六　不同职业群体的慈善捐款行为

职业在一定程度上决定了一个人的收入水平、社会经济地位等因素，因此也可能对居民慈善捐赠行为产生影响。为了研究不同职业群体间的慈善捐款行为是否存在不同，笔者首先比较 2011 年各职业群体的年平均慈善捐款额是否存在较大差距，具体结果见表 3 - 13。

表 3 - 13　　　　　　2011 年不同职业群体的平均捐款额

职业	年平均捐款额（元）	人数（个）	职业	年平均捐款额（元）	人数（个）
党政机关或事业单位领导干部（正处级及以上）	271.0000	7	学生、退休、离休及无工作人员	361.6980	202
			高级专业技术人员（如教授、科学家等）	412.8718	39
党政机关或事业单位普通干部、普通技术人员	430.8072	83	装卸、家政等零工/打工者	179.5000	36
			军人、武警等军队人员	511.3889	18
党政机关或事业单位普通工作人员	455.7339	109	企业中高层管理人员	616.0274	73
个体、买卖经营者	435.7273	77	农林渔牧人员	1012.5000	4
企业普通工作人员	264.0193	414	总计	361.6158	1062

资料来源：本表数据为笔者根据问卷调查数据整理所得。

由表 3 - 13 可知，除"农林渔牧人员"和"党政机关或事业单位领导干部"这两个小样本外，"企业中高层管理人员"的年平均慈善捐款额最多，为 616.0274 元；其次为"军人、武警等军队人员"和"党政机关或事业单位普通干部、普通技术人员"，其年平均捐款额各为 511.3889 元和 430.8072 元。

那么，不同职业群体的慈善捐款行为是否存在显著性差异呢？笔者先对其进行单因素方差分析，但进行方差齐性检验时，Levene 统计值为 4.196，由于概率 P 值（0.000）小于显著性水平（0.05），故认为样本方差不相等，即不满足进行方差分析的前提条件。因此，笔者对其采用克鲁斯凯—沃里斯 H 检验（Kruskal – Wallis H）方法进行分析，具体检验结果见表 3 – 14。

表 3 – 14　　　　　　**Kruskal – Wallis H 检验秩统计表及结果表**

职业	样本数	平均秩	职业	样本数	平均秩
党政机关或事业单位领导干部（正处级及以上）	7	534.79	装卸、家政等零工/打工者	36	451.46
党政机关或事业单位普通干部、普通技术人员	83	540.45	学生、退休、离休及无工作者	202	506.43
党政机关或事业单位普通工作人员	109	639.71	军人、武警等军队人员	18	640.83
高级专业技术人员（如教授、科学家等）	39	538.64	个体、买卖经营者	77	639.86
企业中高层管理人员	73	647.58	农林渔牧人员	4	630.13
企业普通工作人员	414	473.35	总计	1062	

资料来源：本表数据为笔者运用 SPSS17.0 对问卷调查数据计算所得。

由表 3 – 14 可知，比较不同职业群体的平均秩可以看到，各职业群体的年平均慈善捐款额差距较大；且通过克鲁斯凯—沃里斯 H 检验（Kruskal – Wallis H）的检验结果可知，Chi – Square 统计量为 55.314，自由度 df 为 10，近似相伴概率 P 值为 0.000，小于显著性水平 0.05，所以拒绝零假设，认为不同职业群体的年平均慈善捐款额差异显著，即不同职业群体的慈善捐款行为不同。

七　不同政治面貌群体的慈善捐款行为

由于中国的特殊国情，政治面貌也在一定程度上体现了一个人的道德素质，所以各政治面貌群体的慈善行为可能存在差异。那么，究竟不同政治面貌群体的慈善捐款行为是否存在不同呢？对此，笔者首先比较了各政治面貌群体 2011 年的年平均慈善捐款额，见表 3 – 15。

表 3 – 15　　　　　　　2011 年不同政治面貌群体的平均捐款额

政治面貌	年平均捐款额（元）	人数（个）
党员	476.4812	345
群众	345.6864	491
民主党派	207.6000	15
团员	221.8199	211
总计	361.6158	1062

资料来源：本表数据为笔者根据问卷调查数据整理所得。

由表 3 – 15 可知，"党员"群体的年平均慈善捐款额最多，这充分说明：在中国，党员群体在慈善捐款中也发挥着重要作用。

那么，不同政治面貌群体的慈善捐款行为是否存在显著性差异呢？笔者先对其进行单因素方差分析，但进行方差齐性检验时，Levene 统计值为 9.550，由于概率 P 值（0.000）小于显著性水平（0.05），故认为样本方差不相等，即不满足进行方差分析的前提条件。因此，笔者对其采用克鲁斯凯—沃里斯 H 检验（Kruskal – Wallis H）方法进行分析，具体检验结果见表 3 – 16。

表 3 – 16　　　　　Kruskal – Wallis H 检验秩统计表及结果表

政治面貌	样本数（n = 1062）	平均秩	统计指标	统计结果
党员	345	583.26		
群众	491	514.46	Chi – Square	15.931
民主党派	15	448.00	df	3
团员	211	492.46	Asymp. Sig.	0.001

资料来源：本表数据为笔者运用 SPSS17.0 对问卷调查数据计算所得。

由表 3 – 16 可知，比较不同政治面貌群体的平均秩大小可以看到，各政治面貌群体的年平均慈善捐款额差异较大；且通过克鲁斯凯—沃里斯 H 检验（Kruskal – Wallis H）检验结果可知，Chi – Square 统计量为 15.931，自由度 df 为 3，近似相伴概率 P 值为 0.001，小于显著性水平 0.05，所以拒绝零假设，认为不同政治面貌群体的年平均慈善捐款额差异显著，即不同政治面貌群体的慈善捐款行为不同。

八　不同信仰群体的慈善捐款行为

亚瑟·C. 布鲁克斯在《谁会真正关心慈善》一书中提到，2000

年的一次美国大规模全国性调查显示：81% 的美国人表明自己捐过善款，57% 的人做过义工，可是宗教信徒和世俗主义者在捐赠和做义工方面的比例有明显差别：宗教信徒和世俗主义者在捐赠方面的比例分别为 91% 和 66%，相差 25%，而在做义工方面的比例分别为 67% 和 44%，相差 23%；同时，在年收入为 49000 美元的家庭中，宗教信徒每年捐赠的善款大约是世俗主义者的 3.5 倍，年捐赠善款分别为 2210 美元和 642 美元，而且在做义工方面，宗教信徒是世俗主义者的 2 倍，他们每年的志愿服务次数分别为 12 次和 5.8 次。[①]

在本研究中，针对中国人的精神信仰特点，笔者将人们日常生活中的信仰主要分为三类：一是信仰命运/神灵/祖先等，二是信仰佛教/基督教等宗教，三是无任何信仰。当然，这里的信仰并不包括政治信仰。那么，不同信仰群体的慈善捐款行为是否相同呢？对此，笔者首先比较不同信仰群体在 2011 年一年中的平均慈善捐款额。分析发现：在上述三类群体中，有宗教信仰群体的平均捐款额最高，为 426.37 元；其次为信仰命运/神灵/祖先等群体，其平均捐款额为 368.90 元；无任何信仰群体的捐款额最少，其平均捐款额为 351.91 元。可见，一定的精神信仰在促使居民慈善捐款中起着不可忽视的作用。

那么，究竟不同信仰受访者的慈善捐款行为有无显著性差异呢？对此，笔者以慈善捐款行为为因变量、以信仰为自变量进行单因素方差分析，结果见表 3 - 17。

表 3 - 17　　　　　　不同信仰群体捐款行为的单因素方差分析

变量	来源	平方和	df	均方	F	显著性
慈善捐款行为	组间	609983.265	2	304991.633	0.590	0.554
	组内	5.470E8	1059	516560.455		
	总数	5.476E8	1061			

资料来源：本表数据为笔者运用 SPSS17.0 对问卷调查数据计算所得。

在进行方差齐性检验时，Levene 统计量为 0.683。由于概率 P 值

---

① ［美］布鲁克斯：《谁会真正关心慈善》，王青山译，社会科学文献出版社 2008 年版，第 18—20 页。

（0.505）大于显著性水平（0.05），因此认为不同信仰群体的慈善捐款行为方差相等，满足方差分析的前提条件。从表 3 - 17 中可以看出，不同信仰群体的慈善捐款行为的 F 值为 0.590，它对应的概率 P 值为 0.554，由于 P 值大于显著性水平（0.05），所以接受零假设，认为不同信仰群体的慈善捐款行为没有显著性差异。

九　不同地域群体的慈善捐款行为

从中国地理位置划分上看，辽宁省、江苏省和四川省分别属于东北区、华东区和西南区。不同地域群体的慈善捐款行为可能受地理位置、文化、经济发展等影响而有所不同。因此，为了分析不同地域群体间的慈善捐款行为差异，笔者首先以辽宁省、江苏省和四川省为代表，分别比较各地域群体的年平均慈善捐款额，结果发现：这三个省份的城市居民的年平均慈善捐款额分别为 365.5806 元、362.4645 元和 356.1049 元，可见，他们的年平均捐款额相差并不大。

那么，不同地域群体的慈善捐款行为有无显著性差异呢？对此，笔者以慈善捐款行为为因变量、以地域为自变量进行单因素方差分析，结果见表 3 - 18。

表 3 - 18　　　　　　不同地域群体捐款行为的单因素方差分析

变量	来源	平方和	df	均方	F	显著性
慈善捐款行为	组间	15951.203	2	7975.602	0.015	0.985
	组内	5.476E8	1059	517121.392		
	总数	5.476E8	1061			

资料来源：本表数据为笔者运用 SPSS17.0 对问卷调查数据计算所得。

在进行方差齐性检验时，Levene 统计量为 0.059。由于概率 P 值（0.942）大于显著性水平（0.05），因此认为不同地域群体的慈善捐款行为方差相等，满足方差分析的前提条件。从表 3 - 18 中可以看出，不同地域群体的慈善捐款行为的 F 值为 0.015，它对应的概率 P 值为 0.985，由于 P 值大于显著性水平（0.05），所以接受零假设，认为不同地域群体的慈善捐款行为没有显著性差异。

综上所述，不同性别、不同信仰、不同地域群体的慈善捐款行为并无显著差异，但不同年龄、不同婚姻状况、不同文化程度、不同收入、不同职业及不同政治面貌等群体的慈善捐款行为存在显著差异。

第三节　居民慈善捐款行为认知状况

现代意义上的慈善在本质上应是社会成员的自愿活动，社会成员对慈善的认知水平则是决定一个社会的慈善发展状况的重要因素。因此，随着现代慈善事业在中国不断发展，了解中国居民如何理解慈善，培育和宣扬现代慈善理念，提高居民慈善认知水平，已成为促进中国慈善事业发展的重要条件之一。在本研究中，慈善捐款行为认知是指居民对捐款主体、慈善捐款客体和捐款作用的认识，其中捐款主体是指慈善捐款责任的承担者，慈善捐款客体则是指慈善捐款应该资助的对象。

一　居民对慈善捐款主体的认知

慈善事业是一项社会事业，它不是政府的一项职能，也不是依靠政府行政命令的方式能够有效运作的，慈善责任的承担主体不是政府，而是广泛的民间社会。但广大民众对慈善主体的认知却并非如此。2003 年 12 月湖北省慈善总会在武汉市开展了一项"慈善问卷调查活动"，调查结果显示：被调查者中过半数以上的公民认为慈善事业属于政府的救济行为①。那么，究竟目前广大居民对慈善捐款主体的认知情况如何？为了回答这一问题，笔者设计了"你认为谁应该做慈善（可多选）"一题，并对此题进行描述性分析，见表 3 - 19。

---

① 赵新彦：《试析慈善行为中的责任意识》，载上海市慈善基金会、上海慈善事业发展研究中心编《转型期慈善文化与社会救助》，上海社会科学院出版社 2006 年版，第 128 页。

表 3 - 19　　　　　　　　　**受访者对慈善捐款主体的认知**

选项	频数	百分比	选项	频数	百分比	选项	频数	百分比
未选中	618	58.2	未选中	565	53.2	未选中	344	32.4
富人	444	41.8	国家	497	46.8	每个公民的责任和义务	718	67.6
总计	1062	100.0	总计	1062	100.0	总计	1062	100.0

说明：在本研究中，对慈善捐款主体一题的测量是通过"你认为谁应该做慈善（可多选）"一题来实现。由于此题为多选题，笔者以"0、1"二分型数值形式录入数据。在此处，笔者以样本数为基数计算各选项的频数和百分比。

资料来源：本表数据为笔者根据问卷调查数据整理所得。

　　由表 3 - 19 可知，有 67.6% 的受访者认为慈善捐款是每个公民的责任和义务，这让我们看到了现代公民慈善认知的成熟。慈善捐款的本质是一种公益事业，是基于公民公共意识与社会责任意识之上的自愿、自主行为，而不是外在强加的义务。因此，它既是社会善意的一种体现，也是一种充满责任感的生活方式。当受访者把捐款看作公民的责任和义务时，他们会自愿去做慈善，履行自己的社会责任，而且其捐款行为也会具有一定的自觉性，将来会逐渐把这种行为转化为一种稳定性、持久性的日常行为。一个社会中只有越来越多的成员具有从事慈善的责任意识，慈善事业才能得到发展。

　　由表 3 - 19 可知，有 46.8% 的受访者认为慈善捐款的主体是国家。既然这部分人认为慈善事业是一种政府行为，那么对他们来说，所谓慈善责任也就发生了相应的转移，他们对慈善责任也就缺乏内在的自觉性和主动性。其实，在中国，由于体制的原因，原来救灾、扶贫等社会福利性的工作主要由民政部门在做。慈善事业要么没有存在的必要，要么以政府行为的方式表现出来。慈善机构不仅数量较少，而且带有明显的官方色彩，基本上是政府部门的延伸。慈善机构组织的募捐活动多数是突击性的、应急式的、群众运动型的，甚至有时带有任务摊派性质，表现出浓厚的行政色彩。慈善事业这种依附于政府的状况，制约了它的社会性发展，不仅不利于其发挥民间性的优势和特点，而且在某种程度上还会影响甚至挫伤人们做慈善的积极性。这些从根本上给人们造成了"慈善是政府职能的延伸"的错觉，从而制约了民众现代慈善意识的形成。

　　还有一部分人认为，慈善是富人的事情，与自己无关。由表3-19可知，有41.8%的受访者认为富人应该去慈善捐款。一方面，他们认为，既然富人的财产很多，而且富人致富的原因之一是享受了国家的优惠政策，或钻了国家法律政策的空子，甚至是通过一些不正当的手段暴富，就理应捐出一部分钱帮助穷人；另一方面，有些人觉得自己的经济实力有限，即使参与慈善捐款，也解决不了多大问题。

　　尽管我们呼吁社会中先富起来的群体应多承担一些社会责任，富人们确实也应多一些慈善之举。但是，慈善绝不是富人的专利，普通民众的捐赠才是慈善事业发展的重要动力，是社会发展的重要资源。

　　正是这些慈善认知的误区，不同程度地影响着人们日常慈善捐款行为，从而阻碍了中国慈善捐赠事业的发展。据有关资料显示，2006年美国人均捐款983.4美元。[1] 而在中国，根据《中国统计年鉴》显示，2006年社会捐款额为83.1亿元人民币，2006年全国总人口为131448万，因此2006年中国人均捐款额为6.32元人民币。即使在2008年这样一个慈善热情大爆发的年份，居民的人均捐款也仅为34.48元。如此的差距，在一定程度上说明了在我们国家承担慈善责任的主体范围尚不够广泛。而一个社会中只有越来越多的成员具有从事慈善的责任意识，慈善事业才能得到发展。

二　居民对慈善捐款客体的认知

　　救助社会弱势群体是全社会共同的责任，这已基本达成社会共识，但对于救助身边的人或者向他人捐赠，居民的看法是否相同呢？许琳、张晖在其调查中发现：82%以上的人表示愿意救助自己周围遇到困难的同事、同乡、同学、朋友，69.7%的人表示对媒体报道的有关失学、孤寡、残幼、重疾等捐助请求愿意捐助，34.5%多的人表示

---

[1]　杨方方：《慈善文化与中美慈善事业之比较》，《山东社会科学》2009年第1期。

愿意救助路边求助于自己的陌生人。[1] 刘艳明在其调查中也发现：人们在选择捐赠对象时，63.8%的人根据其需要帮助的程度加以选择，20.8%的人表示愿意帮助陌生人，15.4%的调查对象表示愿意帮助身边的熟人。[2] 可见，不同的人在选择慈善捐赠对象时，除了会帮助陌生人等外，还有些人会选择身边的熟人，如同事、朋友等，也就是学者们提到的"熟人慈善"。

在本研究中，为了测量中国城市居民的慈善捐款客体认知是否"重视亲疏远近"，笔者根据人际关系由远及近的原则，设计了"你认为用钱来帮助谁才是慈善"一题的三个答案选项，即有困难的陌生人、有困难的朋友或关系比较好的同事、有困难的亲人（如父母子女兄弟姐妹等）。众所周知，慈善机构或慈善组织是现代募捐的主体，所以，笔者也设置了这一选项。具体结果见表3-20。

表3-20 受访者对慈善捐款客体的认知

选项	频数	百分比（%）	选项	频数	百分比（%）	选项	频数	百分比（%）	选项	频数	百分比（%）
未选中	351	33.1	未选中	682	64.2	未选中	524	49.3	未选中	465	43.8
有困难的陌生人	711	66.9	捐给慈善机构或慈善组织	380	35.8	有困难的朋友或关系比较好的同事	538	50.7	有困难的亲人（如父母子女兄弟姐妹）	597	56.2
总计	1062	100.0	总计	1062	100.0	总计	1062	100.0	总计	1062	100.0

说明：在本研究中，对慈善捐款客体一题的测量是通过"你认为用钱来帮助谁才是慈善"（可多选）一题来实现。由于此题为多选题，笔者以"0、1"二分型数值形式录入数据。笔者以样本数为基数计算各选项的频数和百分比。

资料来源：本表数据为笔者根据问卷调查数据整理所得。

由表3-20可知，有66.9%的受访者认为把钱用来帮助有困难的陌生人是慈善，也就是说，仍有1/3左右的受访者不认为捐钱帮助陌

① 许琳、张晖：《关于我国公民慈善意识的调查》，《南京社会科学》2004年第5期。
② 刘艳明：《居民慈善捐赠行为研究——以长沙市P社区为例》，硕士学位论文，中南大学，2008年。

生人是慈善；只有35.8%的受访者认为把钱捐给慈善组织是慈善行为，这一结果令人惊讶；同时，分别有50.7%和56.2%的受访者认为把钱捐给有困难的亲人、有困难的朋友或关系比较好的同事才是慈善，而这两者都不是现代（西方）意义上的慈善。由此可知，对慈善捐款客体的认知，分别仍有约一半的人保留着"熟人慈善"（亲人＋朋友、同事等关系比较好的人）的意识，而这是传统社会中最为强调的慈善行为。

　　传统慈善行为多发生在家庭、家族、朋友的圈子内，即在熟人社会中进行，救济讲求的是排序原则，如老吾老以及人之老，幼吾幼以及人之幼，是根据血缘关系、地缘关系标准以及由亲及疏、由近及远的慈善原则确定实施慈善对象以及进行慈善活动，这就使民间慈善活动带有浓厚的乡里情结和亲族情结，造成了中国传统慈善事业的封闭性、狭隘性与内敛性，缺乏对与己无关的陌生人的人道主义、普世主义关爱，与基于现代慈善理念基础上的社会化、制度化、规模化、开放性和广泛性的现代慈善事业不可同日而语。同时，从实施慈善的目的来看，中国人常常把行善与个人前途、祖宗荫荫和子孙报应等观念相联系，以求来生修个好名声，这与基于公民社会责任意识的现代公益理念形成了显著的差异。现代公益跨越了熟人社会的界限，遵循普遍、普世、平等原则，是在更为开放的陌生人社会中进行，通过社会互助让人们感受到社会的阳光普照，让公民更好地融入社会、回报社会。公益行为特别讲求助人者和受助人的平等权利，不会存在施恩一方要求知恩图报，被救济一方也不会对施恩方有受人点滴之恩必以涌泉相报的狭隘报恩行为。正由于现在分别仍有约一半的人保留着"熟人慈善"（亲人＋朋友、同事等关系比较好的人）意识，因此，这会阻碍现代公民慈善捐赠的发展。

三　居民对慈善捐款作用的认知

　　为了测量居民对慈善捐款作用的认知状况，笔者设计了"捐款有利于帮助有困难的人解决难题"和"捐款有利于促进社会公平"两个题项。接下来，笔者对两个题项进行描述性分析，见表3－21。

表 3 - 21　　　　　　　　　受访者对慈善捐款作用的认知

捐款作用 分数	1分 %	2分 %	3分 %	4分 %	5分 %	6分 %	7分 %	均值	方差	标准差	偏度	峰度
解决难题	3.2	4.1	7.8	12.5	18.6	18.4	35.3	5.36	2.795	1.672	-0.845	-0.144
促进公平	23.9	15.2	15.1	13.5	14.2	8.1	10.1	3.44	3.967	1.992	0.328	-1.109

说明：此表中这些简称只是对慈善捐款作用的两个测量题项的代称，分别是：慈善捐款有利于帮助有困难的人解决难题；慈善捐款有利于缩小贫富差距，促进社会公平。

资料来源：本表数据为笔者根据问卷调查数据整理所得。

　　由表 3 - 21 可知，在"解决难题"一题中，受访者对此题的作答分数呈现递增趋势，35.3% 的受访者作打"7分"，也就是说，他们高度赞成慈善捐款可以起到帮助有困难的人解决难题的作用；同时，分别有 18.6% 和 18.4% 的受访者对此题作打"5分""6分"，且对此题所有分值进行均值分析发现，均值为 5.36 分。总的来说，有72.3% 的受访者对此题作答分数在"5分"以上，也就是说，七成以上的受访者对慈善捐款"有利于帮助有困难的人解决难题"的作用持肯定态度。

　　而在"促进公平"一题中，由表 3 - 21 可知，受访者对此题的作答分数则呈递减趋势，受访者打"1分"者最多，所占比例为23.9%；其次为"2分"，所占比例为 15.2%；且有 54.2% 的受访者对此题作答分数不高于 3 分，并且对此题所有分值进行均值分析发现，均值为 3.44 分，也是在 3 分左右，也就是说，一半以上的受访者并不认同慈善捐款"有利于缩小贫富差距，促进社会公平"的作用。

　　综上所述，居民对慈善捐款行为认知水平已不断发展，但仍不足：关于捐款主体认知方面，已有近七成的受访者认为做慈善捐款是每个公民的责任和义务；关于捐款客体认知方面，有 66.9% 的受访者认为把钱用来帮助有困难的陌生人才是慈善，且仅有 35.8% 的受访者认为把钱捐给慈善组织才是慈善，同时，分别有 50.7% 和 56.2% 的受访者认为把钱给有困难的亲人、有困难的朋友或关系比较好的同事

才是慈善，而这两者都不是现代意义的慈善；同时，居民对慈善捐款
作用的认知仍需提高。

第四节　中国城市居民慈善捐款行为的主要特点

经过研究发现，目前中国城市居民慈善捐款行为主要存在以下几
个特点。

一　居民的慈善捐款认知仍然处于由传统向现代过渡的阶段

由第三章第三节可知，居民对慈善捐款行为的认知水平仍处于由
传统向现代过渡的阶段：关于捐款主体认知方面，与先前人们把慈善
责任归于国家和富人相比，当前已有近七成的受访者认识到慈善捐款
是每个公民的义务和责任，但仍有 46.8% 的受访者认为国家应该去做
慈善捐款，同时也有 41.8% 的受访者认为富人应该做慈善捐款，这既
让我们看到了现代公民慈善认知的成长，也让我们看到了其不足；关
于捐款客体认知方面，除分别有 66.9% 和 35.8% 的受访者认为把钱
捐给陌生人和慈善组织是慈善外，仍分别有 50.7% 和 56.2% 的受访
者认为把钱给有困难的亲人、有困难的朋友或关系比较好的同事才是
慈善，即存在"熟人慈善"意识，这并不利于现代公民慈善捐赠的发
展，而且这在一定程度上恰恰验证了中国人慈善认知中存在"狭隘"
部分；关于慈善捐款作用认知方面，七成以上的受访者肯定慈善捐款
对受助者的救助作用，但半数的受访者都否定慈善捐款对"缩小贫富
差距，促进社会公平"的作用，即半数受访者在一定程度上否定了个
人捐赠作为"第三次收入分配"这个重要手段在"缓解收入差距、构
建和谐社会的有力武器"方面的作用。

二　个人捐款额少且未成为日常性行为

由第三章第一节可知，目前中国城市居民的年慈善捐款额占其年
收入百分比较低，68.93% 的受访者捐款收入比在 0—1%，其中还包

括 12.84% 的受访者在 2011 年一年中未做过慈善捐款，这再次说明目前中国城市居民所做的慈善捐款较少。同时，鉴于笔者调查的慈善捐款行为是受访者在 2011 年一年中的行为，而 2011 年中国国内并未发生大灾大难，因此，居民慈善捐款额少也说明了这种行为并未成为人们的日常行为。

三　不同人群的慈善捐款行为差异显著

由第三章第二节可知，不同性别、不同信仰群体的慈善捐款行为并无显著差异，但不同年龄、不同婚姻状况、不同文化程度、不同收入、不同职业以及不同政治面貌等群体的慈善捐款行为存在显著差异。具体而言：

在不同年龄段群体中，"61 岁及以上"群体的年平均捐款额最多，而"51—60 岁"群体的年平均捐款额较"61 岁及以上"群体少得多；除此之外，其他年龄段群体的年平均慈善捐款额随着年龄增长而呈现逐渐增加趋势。

在不同婚姻状况群体中，已婚群体的年平均捐款额为 251.6763 元，而未婚群体的年平均额为 432.8302 元，两者相差较大。

在不同文化程度群体中，尽管不同文化程度群体的年平均慈善捐款额差异显著，但除"高中或中专"文化程度的群体外，其他群体的年平均慈善捐款额相差并不大。

在不同收入群体中，单从年平均慈善捐款额来看，除"1001—2000 元"收入群体外，从"1000 元以下"到"5001 元以上"收入群体的年平均慈善捐款额呈逐渐增多趋势；而从不同收入群体的"捐款收入比"看，收入越多的人，他们的"捐款收入比"反而越低，也就是说，他们反而越"吝啬"。

在不同职业群体中，"企业中高层管理人员"的年平均慈善捐款额最多，其次为"军人、武警等军队人员"和"党政机关或事业单位普通干部、普通技术人员"，再者为"党政机关或事业单位普通工作人员"。

在不同政治面貌群体中，"党员"群体的年平均慈善捐款额最多，为 476. 4812 元，这一额度较其他群体要高很多。

四　居民慈善捐款行为的纯粹利他主义倾向最强

笔者将利他主义倾向分为三种：亲缘利他、互惠利他、纯粹利他。在本研究中，对"在未来一年里，你只会把钱捐给有困难的父母、兄弟、姐妹等亲属"（即亲缘利他）一题进行均值分析发现，此题项均值为 4.65 分；对"在未来一年里，你可能会为了'能减免部分个人所得税'或'日后能得到他人的帮助'而去捐款"（即互惠利他）一题进行均值分析发现，该题的均值仅为 3.62 分；对"在未来一年里，你向身处困境中的陌生人捐款并不是为了得到回报，只是想让自己的精神得到满足"（即纯粹利他）一题进行均值分析发现，其均值为 4.98 分；可见，4.98 > 4.65 > 3.62，即受访者慈善捐款行为的纯粹利他倾向最强，亲缘利他倾向次之，互惠利他倾向最低。

五　居民慈善捐款行为受人情随礼态度影响较大

一个行为的发生是内外因素共同发生作用的结果，慈善捐款行为的发生更是多种因素共同起作用的结果。在本研究中，笔者分析了利他主义倾向、人情随礼态度、慈善价值观、慈善信任、政策措施，慈善捐款态度和慈善捐款主观规范七个因素对慈善捐款行为的影响。由第七章第三节研究可知，在影响慈善捐款行为的直接负向因素中，人情随礼态度的影响最大，影响系数为 - 0.274。这在国内外的研究中属于特色之一，也充分说明了人情随礼文化应引起我们足够的重视。

六　中国式慈善捐赠动员机制受半体制化动员方式影响更大

在本研究中，当询问"哪个组织的动员最有可能让你捐款"时，42.3% 受访者选择了"工作单位"，12.7% 的受访者"社区"，这两个选项中提到的动员主体恰好是半体制化动员方式实施的基础。同时，在本研究所构建的"中国城市居民慈善捐款行为影响因素综合模型（见模型 6）"中，慈善捐款主观规范对利他主义倾向存在正向显著影响，影响系数为 0.343，而且慈善捐款主观规范对捐款行为存在的间接影响系数为 0.164。这一切都充分说明当前半体制化动员方式在中国慈善捐款动员方式中的重要地位。

七　城市居民的慈善热情未被充分激发出来

由第三章第二节可知，对不同收入群体的"捐款收入比"进行比较分析发现，收入越多的人，他们的"捐款占收入的百分比"反而越低，即他们支出相对较少的钱用于做慈善；同时，对不同文化程度群体的年平均捐款额进行分析发现，"大学本科"和"研究生及以上"群体在所有受访者中并没有表现得更慷慨，反而较"高中或中专"群体有一定差距。总而言之，一个个数据都在不断提醒我们：城市居民的慈善热情未被充分激发出来。鉴于此，我们应抓住一切可能的机会，利用尽可能有效的措施，推动城市全民慈善发展。

第四章

"利他—计划行为模型"变量对居民
慈善捐款行为的影响分析

第一节 慈善捐款态度与慈善捐款行为

一 居民对慈善捐款的基本态度

在本研究中，笔者对"慈善捐款态度"的测量包括直接测量和间接测量两部分，其中直接测量是指受访者对慈善捐款行为的宏观总体评价，如慈善捐款是否愉快、有意义等，而间接测量则是受访者认为慈善捐款对自己是否有利、是否值得。具体而言，表4-1可以反映出受访者对慈善捐款的基本态度。

表4-1 慈善捐款态度各题项的描述性分析（样本 N = 1062）

态度＼分数	1分 %	2分 %	3分 %	4分 %	5分 %	6分 %	7分 %	均值	方差	标准差	偏度	峰度
愉快的事	3.5	2.9	9.0	5.25	24.0	13.5	33.2	5.25	2.723	1.650	-0.707	-0.228
有意义的事	2.4	3.8	6.4	10.6	17.5	14.2	45.0	5.60	2.682	1.638	-1.021	0.156
提升修养	6.0	6.6	13.6	16.2	20.1	11.1	26.5	4.77	3.381	1.839	-0.370	-0.875
心里安慰	4.1	6.8	9.3	13.5	22.2	14.5	29.6	5.05	3.109	1.763	-0.600	-0.596
不占用钱	3.0	4.8	10.9	16.9	23.0	15.8	25.5	5.02	2.702	1.644	-0.496	-0.541
修养值得	9.2	7.8	12.8	15.9	19.4	14.1	20.7	4.54	3.610	1.900	-0.335	-0.947

续表

分数 态度	1分 %	2分 %	3分 %	4分 %	5分 %	6分 %	7分 %	均值	方差	标准差	偏度	峰度
安慰值得	5.7	5.9	10.5	17.4	19.8	14.8	25.9	4.87	3.216	1.793	−0.497	−0.681
占用钱 值得	3.9	6.2	11.2	15.5	22.0	15.3	25.8	4.95	2.966	1.722	−0.497	−0.653

说明：此表中这些简称只是对慈善捐款态度维度8个测量题项的代称，分别是：慈善捐款是件令人愉快的事；慈善捐款是件有意义的事；慈善捐款可以提升你的道德修养、体现自身价值；慈善捐款可以让你心里觉得很安慰、很高兴；慈善捐款并不会占用你太多时间、精力和钱；"通过捐款来提升你的道德修养、体现自身价值"是值得的；"通过捐款让你觉得心里很安慰并且心情愉快"是值得的；"即使捐款会花费一些时间、精力和钱"也是值得的。

资料来源：本表数据为笔者运用SPSS17.0对问卷调查数据计算所得。

由表4-1可知，在慈善捐款的总体评价中，分别有70.7%和76.7%的受访者赞同慈善捐款是"一件令人愉快的事""一件有意义的事"，而且这两个题项的均值分别是5.25分和5.60分，也就是说，大多数受访者从心底里对慈善捐款持肯定态度。具体而言：在"愉快的事"一题中，24.0%、13.5%和33.2%的受访者分别作答"5分""6分"和"7分"，即总计有70.7%的受访者对此题作答分数不低于"5分"；在"有意义的事"一题中，17.5%、14.2%和45.0%的受访者分别作答"5分""6分"和"7分"，即总计有76.7%的受访者对此题作答分数不低于"5分"，也就是说，七成以上的受访者都认为慈善捐款是"一件令人愉快的事""一件有意义的事"。

对慈善捐款态度的间接测量题项的反应，广大受访者的态度虽不如直接测量时那么明显，但还是展现了相似的趋势，只是分数有所降低。具体而言：在"提升道德修养"一题中，仅有57.7%的受访者对此题作答分数不低于"5分"，即有一半的人认可慈善捐款可以给个人带来"提升道德修养"这个好处；在"心里安慰"一题中，分别有22.2%、14.5%和29.6%的受访者作答"5分""6分"和"7分"，即总计有66.3%的受访者对此题作答分数不低于"5分"，而且受访者对此题所作答分数的均值为5.05分，也就是说，六成以上的受访者赞同捐款可以使自己"获得心里安慰";在"不占用钱"一题中,受访者的打分趋势和"心里安慰"一题相类似,总计有64.3%的受访者对此题作答分数不低于"5分",而且受访者对此题所作答分数的均值为5.02分,也就是说,六成以上的受访者赞同做慈善"并不占用太多时间、精力和金钱";在"修养值得"一题中,仅有54.2%的受访者作答不低于"5分",且受访者对此题所作答分数的均值也仅为4.54分,也就是说,一半左右的受访者认为通过捐款这种方式来提升自己的道德修养是不值得的;在"安慰值得"一题中,总计有60.5%的受访者作答分数不低于"5分",且受访者对此题所作答分数的均值为4.87分,还不到5分,也就是说,60%的受访者认为通过慈善捐款这种方式来获得心里安慰还是值得的,但是也有相当大比例的受访者并不赞成这种方式;在"占用钱值得"一题中,总计有63.1%的受访者作答分数不低于"5分",且受访者对此题所作答分数的均值为4.95分,接近5分,也就是说,绝大多数的受访者都认为:慈善捐款时,即使占用时间、精力和钱也是值得的。

综上所述,目前广大居民对慈善捐款的直接评价较高,均值都在5分以上,而对慈善捐款的间接评价不如直接评价高。同时,在广大居民对慈善捐款的各个间接评价中,对"慈善捐款可以使你心里觉得很安慰"和"慈善捐款并不会占用你太多时间、精力和钱"的评价较高,均值分别为5.05分和5.02分,对其他各项的评价则相对低些。

二　慈善捐款态度对慈善捐款行为的影响

那么,慈善捐款态度对慈善捐款行为是否存在影响呢?为了探讨这种影响,笔者构建了以慈善捐款态度为自变量、以慈善捐款行为为因变量的一元线性回归模型:$CD = \alpha_0 + \alpha_1 AB + \varepsilon$。其中,CD代表慈善捐款行为,AB代表慈善捐款态度,α_0为常数项,α_1为解释变量的系数,ε为随机误差。接下来,笔者运用SPSS 17.0对模型进行拟合度检验,结果得出:此模型R^2为0.039,调整R^2为0.038,具体参数估计结果见表4-2。

表 4 - 2　　　　　　　一元线性回归模型的参数估计结果

模型	非标准化系数		标准系数	t	Sig.
	B	标准 误差	试用版		
（常量）	- 52. 101	29. 071		- 1. 792	0. 073
慈善捐款态度总分（AB）	6. 197	0. 940	0. 198	6. 591	0. 000

说明：此处的慈善捐款态度总分是由"各题项得分乘以其对所在潜变量的贡献系数，然后将这个潜变量所包含的各个题项加总"获得的。

资料来源：本表数据为笔者运用 SPSS17. 0 对问卷调查数据计算所得。

根据以上结果，得到回归方程：$CD = - 52.101 + 6.197AB$。同时，由表 4 - 2 对非标准化回归系数 B 进行 t 检验发现，其显著性水平为 0.000，即回归系数 B 显著不等于 0。可知，慈善捐款态度影响慈善捐款行为。

第二节　慈善捐款主观规范与慈善捐款行为

一　居民慈善捐款主观规范基本情况

在本研究中，笔者对慈善捐款主观规范的测量也包括直接测量和间接测量两部分，其中，直接测量主要是从总体上测量那些对受访者有影响的人是否赞同他们去慈善捐款，而间接测量则是具体分析亲戚朋友、同事、单位领导、社区领导等是否赞同受访者去慈善捐款以及这些人的看法对受访者的影响。为具体阐述受访者对慈善捐款主观规范的基本情况，笔者对其进行描述性统计，见表 4 - 3。

表 4 - 3　居民对慈善捐款主观规范各题项的描述性分析（样本 N = 1062）

分数 主观规范	1 分	2 分	3 分	4 分	5 分	6 分	7 分	均值	方差	标准差	偏度	峰度
	%	%	%	%	%	%	%					
亲友赞同	3. 5	5. 6	10. 1	18. 5	24. 7	17. 5	20. 2	4. 89	2. 616	1. 618	- 0. 481	- 0. 439
同事等赞同	3. 0	5. 9	11. 7	17. 2	21. 1	17. 5	23. 5	4. 94	2. 771	1. 665	- 0. 455	- 0. 655

分数 主观规范	1分 %	2分 %	3分 %	4分 %	5分 %	6分 %	7分 %	均值	方差	标准差	偏度	峰度
亲友看法	26.6	14.8	13.8	15.0	14.2	8.7	7.0	3.29	3.740	1.934	0.346	-1.080
同事等看法	29.2	15.5	15.2	13.0	12.8	7.1	7.3	3.15	3.742	1.934	0.490	-0.947
影响的人	9.3	11.0	13.6	22.4	19.5	10.7	13.5	4.18	3.223	1.795	-0.099	-0.870

说明：此表中这些简称只是对慈善捐款主观规范5个测量题项的代称，分别是：对你有影响的人，大部分赞同你在未来一年里去慈善捐款；亲友会赞同你慈善捐款；同事、单位领导、社区领导、老师等也会赞同你慈善捐款；是否捐款，亲友的看法对你很重要；是否捐款，亲友的看法对你很重要。

资料来源：本表数据为笔者运用SPSS17.0对问卷调查数据计算所得。

由表4-3可知，在"亲友赞同"一题中，作答"5分"的受访者比例最高，占24.7%；作答"7分"的受访者所占比例为20.2%，居第二位；但在"同事等赞同"一题中，情况则相反，这恰说明——与希望亲友做慈善相比，单位或者社区的人更希望受访者（也就是居民）去捐款，毕竟好多捐款活动都是由他们组织的，而且分析受访者对这两个题项所作答分数的均值发现，两个题项的均值分别是4.89分和4.94分，接近5分，这充分说明了亲朋、同事等都赞同其慈善捐款行为。不过，在"亲友看法"和"同事等看法"两个题项中，虽然受访者作答"1分"的比例在所在题项中均是最高的，但是前一个题项中的受访者所占比例仅为26.6%，后一个题项中的受访者所占比例却达29.2%，也就是说，虽然单位或社区的人更希望居民捐款，但这些人的看法对居民的影响却不及家人对居民的影响大。最后，对慈善捐款主观规范进行直接测量（即"影响的人"一题）时，受访者作答"4分"的比例最高，占22.4%；其次是"5分"，所占比例是19.5%，且总计仅有43.7%的受访者作答分数不低于"5分"；而分析受访者对此题项所作答分数的均值也发现，其均值仅为4.18分，也就是说，对受访者有影响的人中，还不到一半的人赞同其捐款。

二　慈善捐款主观规范对慈善捐款行为的影响

那么，慈善捐款主观规范对慈善捐款行为是否存在影响呢？为了探讨这种影响，笔者构建了以慈善捐款主观规范为自变量、以慈善捐款行为为因变量的一元线性回归模型：$CD = \alpha_0 + \alpha_1 SN + \varepsilon$。其中，CD 代表慈善捐款行为，SN 代表慈善捐款主观规范，α_0 为常数项，α_1 为解释变量的系数，ε 为随机误差。接下来，笔者运用 SPSS 17.0 对模型进行拟合度检验，结果得出：模型 R^2 为 0.026，调整 R^2 为 0.025，参数估计结果见表 4－4。

表 4－4　　　　　　　　一元线性回归模型的参数估计结果

模型	非标准化系数		标准系数	t	Sig.
	B	标准 误差	试用版		
（常量）	－ 11.213	28.359		－ 0.395	0.693
慈善捐款主观规范总分（SN）	11.706	2.219	0.160	5.274	0.000

说明：此处的慈善捐款主观规范总分是由"各题项得分乘以其对所在潜变量的贡献系数，然后将这个潜变量所包含的各个题项加总"获得的。

资料来源：本表数据为笔者运用 SPSS17.0 对问卷调查数据计算所得。

根据以上结果，得到回归方程：$CD = - 11.213 + 11.706SN$。同时，由表 4－4 中对非标准化回归系数 B 进行 t 检验发现，其显著性水平为 0.000，即回归系数 B 显著不等于 0。可知，慈善捐款主观规范影响慈善捐款行为。

第三节　利他主义倾向与慈善捐款行为

一　居民利他主义倾向的基本类型

在本研究中，笔者把利他主义倾向划分为亲缘利他、互惠利他、纯粹利他三种。为了测量中国城市居民慈善捐款行为发生时究竟属于哪种类型的利他主义倾向，笔者设计"在未来一年里，你只会把钱捐给有困难的父母、兄弟、姐妹等亲属"一题来测量居民的慈善捐款亲缘利他倾向程度；通过"在未来一年里，你可能会为了'能减免部分个人所得税'或'日后能得到他人的帮助'而去捐款"一题来测量慈善捐款的互惠利他倾向程度；通过"在未来一年里，你向身处困境中的陌生人捐款并不是为了得到回报，只是想让自己的精神得到满足"一题来测量慈善捐款的纯粹利他倾向程度。接下来，为了具体阐述此问题，笔者对利他主义倾向各题项进行描述性分析，见表4-5。

表4-5　居民对利他主义倾向各题项的描述性分析（N = 1062）

利他倾向 ＼ 分数	1分 %	2分 %	3分 %	4分 %	5分 %	6分 %	7分 %	均值	方差	标准差	偏度	峰度
只帮亲人	5.7	6.3	13.5	19.6	20.9	14.9	19.1	4.65	3.013	1.736	-0.334	-0.719
得到帮助	19.4	12.8	15.1	17.3	18.5	8.7	8.2	3.62	3.534	1.880	0.121	-1.057
精神满足	4.8	6.5	7.6	15.9	21.4	20.2	23.6	4.98	2.966	1.722	-0.645	-0.425

说明：此表中这些简称只是对利他主义倾向测量题项的代称，分别是：在未来一年里，你可能会为了"能减免部分个人所得税"或"日后能得到他人的帮助"而去捐款；在未来一年里，你向身处困境中的陌生人捐款并不是为了得到回报，只是想让自己的精神得到满足；在未来一年里，你只会把钱捐给有困难的父母、兄弟、姐妹等亲属。

资料来源：本表数据为笔者运用SPSS17.0对问卷调查数据计算所得。

在"只帮亲人"一题中，受访者对该题的赞同程度集中在"4分"和"5分"，所占比例分别为19.6%和20.9%；其次为"7分"，所占比例为19.1%；且对该题项进行均值分析发现，此题项均值为4.65分，接近5分；同时，总计约有54.9%的受访者对此题的作答分数不低于"5分"，可见，受访者乃至所有国人的亲缘利他程度还是比较高的，在他们眼里：帮助亲人是第一位的。

在"得到帮助"一题中，受访者对此问题的回答基本都维持在"5分"以下，超过这个分数的比例很小，且47.3%的受访者作答分数不高于"3分"，且此题项的均值仅为3.62分，是比较低的。可见，大部分受访者慈善捐款并不是为了日后能得到他人帮助或能够获得税收减免。换言之，他们慈善捐款时的互惠利他倾向程度并不高，其捐款行为基本不属于互惠利他式慈善。

在"精神满足"一题中，受访者对该题项的回答从"4分"开始人数突然激增，总计有81.1%的受访者选择了"4分"或更高分数，如，作答"7分"的受访者比例高达23.6%，而且受访者对此题项所作答分数的均值为4.98分，接近5分，可见，受访者慈善捐款时的纯利他主义倾向是较强的，大多数受访者在做慈善捐款时都是出于纯粹利他的精神境界。同时，即使与亲缘利他的题项均值（4.65分）相比，此题项均值分数也更高，也就说，居民做慈善捐款时所表现出的纯粹利他倾向比亲缘利他倾向更强一些。

以上主要探讨了目前中国城市居民利他主义倾向的类型，概而言之：在亲缘利他、互惠利他和纯粹利他倾向中，中国城市居民的互惠利他倾向最弱，亲缘利他倾向次之，最强的还是纯粹利他倾向。

那么，中国城市居民慈善捐款行为所表现出的这三种利他主义倾向之间是否存在某种关系？只有揭示它们之间的关系，才能有利于更好地利用它们来促进更多的人参与到慈善捐款中。为了揭示这种关系，笔者先对测量利他主义倾向的三个题项作相关分析，具体结果见表4-6。

表4-6　　　　利他主义倾向三种类型之间的 Pearson 相关系数

变量		互惠利他倾向	纯粹利他倾向	亲缘利他倾向
互惠利他倾向	Pearson Correlation	1	0.248 **	0.180 **
	Sig.（2 - tailed）		0.000	0.000
	N	1062	1062	1062
纯粹利他倾向	Pearson Correlation	0.248 **	1	0.135 **
	Sig.（2 - tailed）	0.000		0.000
	N	1062	1062	1062
亲缘利他倾向	Pearson Correlation	0.180 **	0.135 **	1
	Sig.（2 - tailed）	0.000	0.000	
	N	1062	1062	1062

说明：** 表明双尾检验在0.01水平上显著。

资料来源：本表数据为笔者运用SPSS17.0对问卷调查数据计算所得。

由表4-6可知，在慈善捐款行为的三种利他主义倾向中，居民互惠利他倾向与纯粹利他倾向间的相关性最大，相关系数为0.248；其互惠利他倾向与亲缘利他倾向间的相关性次之，相关系数为0.180；而其纯粹利他倾向与亲缘利他倾向间的相关性最小，相关系数为0.135。但是，就简单相关系数本身而言，它未必是两事物间线性关系强弱的真实体现，往往有夸大的趋势，这有可能对揭示慈善捐款行为三种利他主义倾向类型之间的关系造成偏差。因此，笔者接下来通过偏相关再分析三种利他主义倾向中两两之间的关系。

具体而言，当控制"亲缘利他倾向"变量而单独分析"互惠利他倾向"与"纯粹利他倾向"之间的关系时，二者的偏相关系数为0.230（双尾检验显著性水平P值为0.000），即慈善捐款行为的互惠利他倾向与纯粹利他倾向之间的相关性为0.230；当控制"纯粹利他倾向"变量而单独分析"亲缘利他倾向"与"互惠利他倾向"间的关系时，二者的偏相关系数为0.153（且双尾检验显著性水平P值为0.000），即慈善捐款行为的亲缘利他倾向与互惠利他倾向之间的相关性为0.153；而当控制"互惠利他倾向"变量而单独分析"亲缘利他倾向"与"纯粹利他倾向"之间的关系时，二者的偏相关系数为0.095（双尾检验显著性水平P值为0.000）。可见，在慈善捐款行为三种利他主义倾向所存在的"三对关系"中："互惠利他倾向"与"纯粹利他倾向"间关系最强，"互惠利他倾向"与"亲缘利他倾向"间的关系次之，"亲缘利他倾向"与"纯粹利他倾向"间的关系最弱。因此，笔者认为，要想促进更多的人参与到慈善捐款中来，一方面可以从促使居民将亲缘利他倾向转化为互惠利他倾向入手，另一方面则可以促使居民从互惠利他倾向转化为纯粹利他倾向，但是这两种关系间的转化分别需要"何种激励"或"何种条件"还需在以后的研究中继续探讨，本书暂不做探讨。

二 利他主义倾向对慈善捐款行为的影响

那么，利他主义倾向对慈善捐款行为是否存在影响？为了探讨这种影响，笔者以利他主义倾向为自变量、以慈善捐款行为为因变量构建一元线性回归模型：$CD = \alpha_0 + \alpha_1 AI + \varepsilon$。其中，CD 代表慈善捐款行为，AI 代表利他主义倾向，α_0 为常数项，α_1 为解释变量的系数，ε 为随机误差。接下来，笔者运用 SPSS17.0 对模型进行拟合度检验，结果得出：此模型 R^2 为 0.008，调整 R^2 为 0.007，具体参数估计结果见表 4 - 7。

表 4 - 7　　　　　　　　一元线性回归模型的参数估计结果

模型	非标准化系数		标准系数	t	Sig.
	B	标准 误差	试用版		
（常量）	49.664	30.338		1.637	0.102
利他主义倾向总分（AI）	14.536	5.135	0.087	2.831	0.005

说明：此处的"利他主义倾向总分"是由"各题项得分乘以其对所在潜变量的贡献系数，然后将这个潜变量所包含的各个题项加总"来获得的。

资料来源：本表数据为笔者运用 SPSS17.0 对问卷调查数据计算所得。

根据以上结果，得到回归方程：$CD = 49.664 + 14.536 AI$。同时，由表 4 - 7 中对非标准化回归系数 B 进行 t 检验发现，其显著性水平为 0.005。可知，利他主义倾向对慈善捐款行为的影响在统计上非常显著。

第四节　"利他—计划行为模型"变量对慈善捐款行为的影响

前文主要采用一元线性回归法分析了慈善捐款态度、慈善捐款主观规范和利他主义倾向各自对慈善捐款行为的影响，但实际上这些变量并非相互独立，上述方法既无法揭示这些变量间的相互关系，也不能显示它们对慈善捐款行为的共同作用。为了解决这些问题，笔者决定采用结构方程模型方法。SEM（Structure Equation Modeling）是一种通用的、重要的线性统计建模技术，广泛应用于心理学、经济学、社会学、行为科学等领域。实际上，它是计量经济学、计量社会学与计量心理学等领域的统计分析方法的综合。多元回归、因子分析和路径分析只是结构方程模型的特例。不过,由于所调查到的样本数据分布偏正态化,因此,笔者先采用 LISREL 8.8 对数据进行正态化处理,接下来第五章和第六章中对模型进行分析时所用到的数据也采用同样方法进行处理。

在本研究中,两个理论联合应用后构建的"利他—计划行为模型"(即模型 1)主要包括慈善捐款态度、慈善捐款主观规范、利他主义倾向、慈善捐款行为四个潜变量。本研究采用 Mplus 5.2 对理论模型进行检验,并选用 MLM 法进行参数估计和模型拟合度检验。该模型的拟合指标见表 4 - 8。

表 4 - 8 拟合度指标分布表

模型	对数似然函数 H0 值	对数似然函数 H1 值	信息标准			
			自由参数个数	AIC	BIC	调整 BIC
模型 1	- 46461.873	- 45583.523	58	93039.746	93327.884	93143.666
	模型拟合 χ^2 检验			基准模型拟合 χ^2 检验		
	χ^2	自由度	P 值	量表修正因子	χ^2	自由度	P 值
	1394.877	131	0.0000	1.259	6799.356	153	0.0000
	RMSEA	CFI	TLI	SRMR		
	0.095	0.810	0.778	0.071		

资料来源:本表数据为笔者借助软件 Mplus5.2 对问卷数据进行模型运算的结果。

表 4 - 8 中,对数似然函数 H0 值(Loglikelihood H0 Value)是虚无假设 H0:$\Sigma = \Sigma$(θ),即变量在总体中的真实但未知的协方差矩阵等于假设模型隐含的总体协方差矩阵成立条件下的对数似然函数值。

AIC(Akaike Information Criterion)指标是 Akaike 发展的一种基于信息理论的模型适配指标,适用于不同模型的适配优劣的比较。AIC 最小者,表示模型适配情形最好。AIC 的计算公式为:

$$AIC = -2\log L + 2r$$

式中 L 为卡方值,r 为需估计的自由参数的个数。

BIC(Bayesian Information Criterion)指标:由于 AIC 指标并没有考虑样本数的影响,因此当样本数越大时,AIC 的概率推导越呈现渐进性缺乏，这是 AIC 的一个缺点。BIC 是施瓦兹（Schwarz）基于贝叶斯先验概率理论提出的，将样本数的影响纳入考虑范畴，当样本数达到数千人以上或是模型的参数数目较少时，可采取 BIC 指标，否则使用 AIC 指标是较佳的决策指标。

$$BIC = -2logL + 2rln\ n$$

调整 BIC（Sample – Size Adjusted BIC）是 Sclove 提出的另一调整样本系数的 BIC，将 n 用 n^* 来代替，其中 $n^* = (n+2)\ /24)$。

$$调整\ BIC = -2logL + 2rln\ n^*$$

AIC、BIC 和调整 BIC 都属于相对拟合指标，适合用于模型间的比较，AIC、BIC 和调整 BIC 数值小表明拟合情况更好。

从表 4 – 8 可以看出：在该模型中：$\chi^2 = 1394.877$，df = 131，卡方值与自由度比值为 10.65（大于 5），拟合不算好，但由于它受样本容量的影响，对于评价单个模型意义不大；RMSEA = 0.095，可以说是中度的模型拟合；TLI = 0.810，CFI = 0.778，这两个指标相距判断值 0.90 有点距离，不过，从这两个指标看模型拟合不是很好；标准化残差均方根（Standardized root means square residual，SRMR）= 0.071，小于判断值 0.08，从该指标看，模型拟合较好。但从总体上看，各拟合指标表明：模型整体拟合一般。

虽然上述指标说明"利他—计划行为模型"变量对慈善捐款行为的影响模型（即模型 1）整体拟合度一般，但对其进行路径分析发现，各变量间标准化路径系数均不能忽视，而且对路径系数进行双尾显著性检验的 P 值均小于 0.005，即这些标准化的路径系数都非常显著，具体结果见图 4 – 1。

图 4 – 1 是验证后的模型 1 及标准化路径系数，其中数字表示路径系数即一个变量到另一个变量的直接效应，数字越大，表明一个变量对另一个变量的影响越大。那么，由图 4 – 1 可知，利他主义倾向对其捐款行为影响效应极大，其影响总效应系数为 0.470。[1] 也可以说，

---

① 由于二者间只有直接影响效应，所以直接效应 = 总效应，即总效应系数也是 0.470。在此处，笔者用总效应表示。

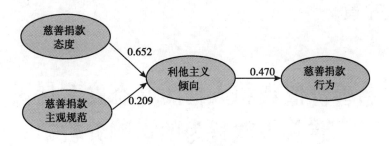

图 4 - 1　模型 1

资料来源：本图为笔者运用 Mplus 5.2 所绘制的模型运算结果图。

用利他主义倾向来预测居民的捐款行为是可行的。直接决定利他主义倾向的两个因素中，慈善捐款态度对其利他主义倾向的直接效应要大于慈善捐款主观规范对利他主义倾向的影响，也就是说，是否捐款，居民自己的态度更重要。同时，除了前文用回归分析验证了慈善捐款态度和慈善捐款主观规范都对慈善捐款行为存在影响外，模型 1 还验证了慈善捐款态度和慈善捐款主观规范对捐款行为存在间接影响。具体而言：居民慈善捐款态度正向影响慈善捐款行为，其影响总效应系数为 0.306；① 慈善捐款主观规范正向影响慈善捐款行为，其影响总效应系数为 0.098。② 简言之，此模型充分揭示了慈善捐款态度、慈善捐款主观规范及利他主义倾向这三个主要变量慈善捐款行为的影响。

---

① 由于二者间只有间接影响效应，所以间接效应 = 总效应，即总效应系数也是 0.306。在此处，笔者用总效应表示。

② 由于二者间只有间接影响效应，所以间接效应 = 总效应，即总效应系数也是 0.098。在此处，笔者用总效应表示。

第五章

慈善价值观和人情随礼态度对居民
慈善捐款行为的影响分析

第四章主要根据"利他—计划行为模型"探讨了慈善捐款态度、慈善捐款主观规范、利他主义倾向等因素对慈善捐款行为的影响,但只用这几个因素来探讨慈善捐款行为的影响因素是非常不够的。因此,笔者又引入了慈善价值观和人情随礼态度两个因素。这两个因素都属于影响慈善捐款行为的直接主观因素,也可以说是内部因素。在本章中,笔者将会借助模型2和模型3两个模型,探讨慈善价值观和人情随礼态度对慈善捐款行为的影响。

第一节　慈善价值观与居民慈善捐款行为

当今时代是一个价值多元化的时代。有人认为,既然中国传统的儒家思想至今仍然深刻影响着中国人的行事方式,那么不妨将儒家的"仁爱"思想确立为当代慈善文化的核心价值观。然而,"儒家慈善没有绝对的和神圣的价值依据。因此中国的慈善事业始终不够昂扬"[1]。最主要的问题是,儒家"仁爱"是与以血缘关系为纽带的传统封闭社会相适应的,它以自然情感为基础,很难与市场经济条件下的理性化、制度化、规模化的现代慈善事业相适应。也有人主张弘扬以基督教"博爱"为代表的宗教慈善理念,因为正是基督教的"博爱"思想为西方国家发达的慈善事业提供了有力的价值支撑。但是,"博爱"

---

① 陆镜生:《中西方慈善思想异同刍议》,《慈善》2001年第2期。

的依据是对上帝的信仰，而中国人历来"敬鬼神而远之"，没有笃信上帝的传统。还有人主张将功利主义的财富效用观确立为当代慈善文化的核心价值观，他们认为慈善的动力就是以较小的物质利益换取较大的精神利益或长远的物质利益，即慈善捐赠可以增长财富的"边际效用"。这种价值观以人性自私和"理性经济人"的假设为前提，是与马克思主义人性论相背离的，也是与社会主义核心价值体系相背离的。那么，在社会主义市场经济条件下，应该确定什么样的慈善价值观来加强对广大民众进行慈善教育呢？

一 居民的慈善价值观状况

事物的发展离不开内外因共同起作用，慈善捐款行为的发生也离不开居民慈善价值观的促使。在本研究中，慈善价值观主要包括四个层面：一是道德层面，即受访者捐款是否出于基本道德认识，如给予是美德、帮助对方是道德义务等；二是情感层面，即受访者对求助者捐款是否出于同情和爱心这种感情方面的促使；三是理性算计层面，即受访者捐款是否期待将来也能得到对方或他人的帮助；四是精神信仰层面，即捐款是否为了行善积德。当前受访者关于这个问题的具体描述结果，见表5-1。

表5-1　　受访者对慈善价值观各题项的描述性统计（样本 N = 1062）

慈善价值观 \ 分数	1分 %	2分 %	3分 %	4分 %	5分 %	6分 %	7分 %	均值	方差	标准差	偏度	峰度
给予是美德	3.0	2.1	6.8	12.0	19.8	19.4	37.0	5.50	2.490	1.578	-0.975	-0.330
帮对方是道德	2.4	2.4	6.7	11.0	18.7	20.4	38.7	5.58	2.338	1.529	-1.002	-0.352
同情而捐款	1.5	2.6	6.6	13.7	19.4	20.5	35.6	5.51	2.252	1.501	-0.846	0.034
将来得到帮助	9.7	6.3	12.7	17.4	20.1	14.2	19.6	4.53	3.509	1.873	-0.355	-0.858

续表

慈善价值观 \ 分数	1分 %	2分 %	3分 %	4分 %	5分 %	6分 %	7分 %	均值	方差	标准差	偏度	峰度
行善积德	11.4	11.1	14.7	13.3	19.4	12.1	18.0	4.27	3.848	1.962	-0.156	-1.141

说明：此表中这些简称只是对慈善价值观维度5个测量题项的代称，分别是：你认为给予别人是一种美德；当有人处于紧急情况或困境中时，帮助对方是我们的道德义务；出对弱者的同情、爱心，你觉得自己应该为那些需要帮助的人捐款；对别人捐款，你认为自己将来也可能会得到他人的帮助；你相信慈善捐款可以行善积德，这种想法会促使你捐款。

资料来源：本表数据为笔者运用SPSS17.0对问卷调查数据计算所得。

中华民族是一个热情仁爱、乐善好施的民族，敬老爱幼、扶贫帮困已成为一种约定俗成的道德规范，有人将此视作慈善事业的最早萌发。而"给予是美德"这种中华民族传统美德是至今仍被广泛认同的道德规范之一。那么，它是否已成为促使广大居民捐款的内在原动力呢？由表5-1可知，受访者对此问题的作答分数从"4分"开始人数激增，接下来的比例基本维持增长趋势，其中，作答"7分"的受访者所占比例最高，为37.0%，而且88.2%的受访者作答分数都在"4分"及以上，同时，受访者对该题项所作答分数的均值为5.50分，也就是说：他们都认为"给予别人是一种美德"，而这也正是慈善捐款的基本道德初衷。

很多人在日常生活中有这样的道德直觉：当一个人看到有个乞丐倒在地上快饿死时，如果他手上有一块面包而不丢下去，他将受到道德的谴责；而只要他不是个道德上的白痴，他就会有道德愧疚。这就意味着，我们实际上对这个乞丐负有救助他的道德义务。以《正义论》而蜚声世界的美国哲学家罗尔斯将这种道德义务称为"自然义务"，他认为这是一种普遍的约束，无须以自愿为前提。同样的，公民是否有以捐款等形式救助灾民的义务？罗尔斯认为答案是：当然有。但它诉诸的并不是一个人的自然义务发出的道德命令，而是诉诸契约伦理中的道德义务的规范性要求。为了更好地研究居民是否认为"帮助对方是道德"，笔者对其进行描述性分析，由表中5-1数据可知：38.7%的受访者对该题项作答"7分"，也就是说，他们认为帮助对方完全是自己的道德义务；其次，有20.4%的受访者对该题项作答"6分"；且总计有88.8%的受访者对该题项作答分数都在"4分"及以上。更主要的是，此题所有分数的均值是5.58分，大于5分。所有这些数据都说明：居民的道德感比较强，而这种道德义务感会促使其慈善捐款。

同情心是人类普遍具有的自然情感。法国哲学家孟德斯鸠说过："同情是善良的心所启发的一种情感反映。"休谟描述得更具体，他说："当看到他人苦难，就会联想到自己遭遇他人处境时表现出来的情绪，生出同情、关切和爱怜之心，并产生慈善。同情心是人类非常宝贵的情感，是对他人的不幸和磨难所产生的共鸣以及在行为上的关心、支持和帮助，它是许多道德情感的基础。正因为有了同情心，人才懂得保护弱小，才会因同情而生爱怜，由爱怜而生慈善。一个缺乏同情和友善之心的人，是不会真正无偿地向慈善机构或社会贫弱成员捐献；一个缺乏对弱者关爱的社会，也不可能有真正意义上的慈善事业。"既然同情心和爱心是一个人做慈善的内在力量，那么，本研究中的受访者是否也是出于自己对弱者的同情和爱心而去捐款呢？事实证明，由表5-1可知，35.6%的受访者都赞同自己是出于"同情而捐款"，因为他们作答"7分"来表示自己完全赞同笔者所描述的情形，更主要的是，从表5-1中数据分布上可以看出，总计89.2%的受访者作答"4分"及以上的分数，并且此题所有分数的均值为5.51分，这些不但说明了受访者慈善捐款时具有较高的同情心，也证实了同情和爱心这种内在慈善价值观是他们做慈善时受到的一种较强驱动力。

"将来得到帮助"一项可以看作受访者从事捐款时的一种理性算计，而这种算计是一种预期互惠式的。在本研究中，作答"5分"的受访者最多，占20.1%；其次为"7分"，占19.6%；排在第三位的当属作答"4分"的受访者，占17.4%；且对此题所有分数进行均值分析发现，其均值为4.53分（即大于"4分"），也就是说，虽然上文分析已验证了近90%的受访者（作答分数在"4分"以上）捐款时受到道德层次的促使比较大，但是仍有70%多的受访者（作答分数在"4分"以上）捐款时仍希望将来能得到他人的帮助。

在中华民族的数千年历史中，"行善积德"作为做人应遵循的传统美德一直延续至今。《汉书》曰："有阴德者，天报以福。"所以，"诸恶莫作，众善奉行"，"种好因，结好果"是学习如何做人的第一步。"行善积德"是一种人文素质。现在宣传推广的"公益"行动（为）本质上就是一种"行善积德"，只是它是社会有组织的行为，目的是进行公民教育、提高公民素质水平。在本研究中，受访者慈善捐款是否也曾出于行善积德的想法呢？由表5－1中数据可知，受访者对"行善积德"一项的看法差别较大：在"1—7分"，受访者在各个分数上打分的比例均维持在11.1%—19.4%，最低为11.1%，最高为19.4%，说明受访者在捐款中对行善积德的想法差别较大。

综上对慈善价值观四个层面的论述可知，受访者对道德层面所有题项（"给予是美德"和"帮助对方是道德"两题）所作答分数的均值为5.54分，情感层面题项（"同情而捐款"一题）所作答分数的均值为5.51分，理性算计层面所有题项（"将来得到帮助"一题）所作答分数的均值为4.53分，而精神信仰层面题项（"行善积德"一题）所作答分数的均值为4.27分，即5.53＞5.51＞4.53＞4.27，也就是说，受访者对道德层面的题项赞同度要高于其他三个层次。因此，笔者推测：在慈善价值观的四个层面中，受访者在慈善捐款时会首先受到道德层面和情感层面的促使，其次受到理性算计和精神信仰方面的促使。

二　慈善价值观对慈善捐款行为的影响

为了探讨慈善价值观对慈善捐款行为的影响，笔者将其纳入模型1中以构建起第二章第二节中所提到的模型2。此模型主要包括慈善捐款态度、慈善捐款主观规范、利他主义倾向、慈善价值观、慈善捐款行为五个潜变量。本研究采用Mplus 5.2对理论模型进行检验，并选用MLM法进行参数估计和模型拟合度检验。该模型的拟合指标见表5－2。

表 5 – 2　　　　　　　　　　　拟合度指标分布表

模型	对数似然函数 H0 值	对数似然函数 H1 值	信息标准			
			自由参数个数	AIC	BIC	调整 BIC
	-55626.252	-54495.927	76	111404.503	111782.064	111540.675

模型	模型拟合 χ^2 检验				基准模型拟合 χ^2 检验		
模型 2	χ^2	自由度	P 值	量表修正因子	χ^2	自由度	P 值
	1752.966	223	0.0000	1.290	8803.339	253	0.0000
	RMSEA	CFI	TLI	SRMR			
	0.080	0.821	0.797	0.068			

资料来源：本表数据为笔者借助软件 Mplus 5.2 对问卷数据进行模型运算的结果。

　　从表 5 – 2 可以看出，在此模型中：$\chi^2 = 1752.966$，df = 223，卡方值与自由度比值为 7.86（大于 5），拟合一般，但由于它受样本容量的影响，对于评价单个模型意义不大；RMSEA = 0.080，可以说是中度的模型拟合；TLI = 0.821，CFI = 0.797，前者接近 0.90，后者距判断值 0.90 有点距离，从这两个指标看模型拟合一般；标准化残差均方根（Standardized root means square residual，SRMR）= 0.071，小于判断值 0.08，此指标看模型拟合还可以。但从总体上看，各拟合指标都表明：模型整体拟合还可以。

　　考察了模型整体拟合度后，笔者对各潜变量进行路径分析。各变量间标准化路径系数的具体结果见图 5 – 1。

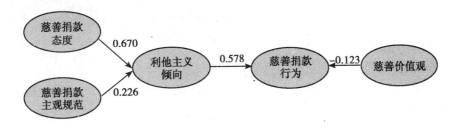

图 5 – 1　模型 2

资料来源：本图为笔者运用 Mplus 5.2 所绘制的模型运算结果图。

　　图 5 – 1 是验证后的模型 3 及标准化路径系数，其中数字表示路径

系数即一个变量到另一个变量的直接效应，数字越大，表明一个变量对另一个变量的影响越大。其中，"利他—计划行为模型"变量与捐款行为间的影响效应问题，笔者在前文已经分析过，在此不再赘述，值得一提的是：加入慈善价值观后，各条路径系数大小都有所变化，但由于该模型中的路径系数并不是笔者所要研究的最终结果，因此暂且不作讨论。下面，笔者主要讨论慈善价值观对慈善捐款行为的影响问题。

由图5－1可知，当把慈善价值观纳入模型2中时，它对居民慈善捐款行为存在负向直接效应，影响系数为－0.123，此数据似乎说明：受访者越是受到慈善价值观的影响，则其慈善捐款越少。但是，由于此处只是探讨了慈善价值观对慈善捐款行为的直接影响，而没有考虑前者对后者是否存在间接影响，因此，此因素对捐款行为的最终影响问题还需要借助后文的模型6进行综合探讨。

不过，为什么慈善价值观会负向影响居民的慈善捐款行为呢？笔者认为可以从以下几个方面寻找原因。

第一，可能是"道德胁迫"的压力所致。道德胁迫就是一方以道德名义迫使另一方做与道德相关之事。道德胁迫通常使用的手段是对他人的人格、名誉、社会影响等方面进行某种负面评价，并依靠社会舆论、公众言说对其进行强有力的比对。它是作为社会转型期衍生出来的，并在社会生活中不断出现，尤其以慈善捐赠活动中的胁迫现象居多，如，希望捐助之人将那些不自愿捐赠的人视为没有道德情怀，甚至给其扣上"没有人性"的大帽子；而捐助的潜在主体则会因为各种舆论而产生某种心理压迫，将"捐赠"视为超过道德自律范畴的胁迫行为，从而给本是美好的道德行为蒙上一层阴影，就这样，捐款者处于了一种"不得不能、必须服从"的环境状态，使原本自愿的捐款行为成为了"不得不"的被动捐款行为。[①] 虽然第五章第一节分析发现慈善价值观中道德层次对慈善捐款行为的促使作用最大，但这种

---

① 张北坪：《困境与出路：反思慈善捐赠活动中的"道德胁迫"现象》，《西南大学学报》（社会科学版）2010年第6期。

"促使作用"是否或多或少含有"道德胁迫"的成分，笔者无从考察。

第二，"道德义务感"的冲击作用。启蒙思想家卢梭认为："只要一件好事变成了一种义务，把最甘美的乐趣化为一种负担，那做起来就索然无味了。"[①] 也就是说，他特别强调不能把人的道德行为升华为一种义务，更不能对这种侠义的施恩进行肆意地索取，倘若如此，则会加重施恩者的负担，令人生厌，甚至产生令人极为反感的情绪。在本研究中，有77.8%的受访者对"帮对方是道德义务"一题的作答分数在"5分"及以上，也就说，近80%的受访者都认同"慈善捐款是自己的道德义务"，那么，按照卢梭的观点，这些受访者已经"把慈善捐款变得索然无味了"，因此，这可能会促使受访者在实际慈善捐款行为中减少慈善捐款量。

第三，"社会赞许性"效应的影响。所谓"社会赞许"（social desirability），指某一行为是社会一般人所希望、期待、接受的。大多数人越喜欢的行为，其社会赞许性也越高。人们一般都有这样的信念，每个人的行为都想迎合社会的需要。因此，那些合乎社会规范或社会期望的行为很难反映一个人的内在特质。例如，"碰到熟人会问好"就是一个社会赞许性高的行为，如果根据这个行为来推断一个人彬彬有礼、很有教养是远远不够的。相反，人们往往把超出社会期望或社会规范的行为归因于行为者的个性本质，或者说，行为的社会赞许性越小，本质归因的可能性就越大，相应推断的可靠性就越高。问卷中"给予别人是一种美德"一题反映的是中华民族的传统美德，是被中国社会普遍赞许的内容，因此，受访者在作答时可能受到"社会赞许性"的影响，喜欢给出社会大众所认为的"正确答案"而非真实答案，因而不能反映出受访者的真实特质。这种影响可能会反映到受访者的具体慈善捐款行为上，也就是说，虽然他们高度认可给予别人是一种美德（即他们在"给予别人是一种美德"一题上作答分数很高），但其实际的慈善捐款额并不高，所以当把慈善价值观纳入模型

---

① ［法］卢梭：《孤独散步者的遐想》，华龄出版社1996年版，第88—90页。

中进行分析时，有可能会导致慈善价值观对慈善捐款行为产生负向影响。

　　同时，笔者分析的慈善价值观除了包括道德层次外，还包括情感层次、预期理性算计和精神信仰三个方面，而慈善价值观对慈善捐款行为的影响是这四个层次综合作用的结果，也是受访者在综合考虑各个因素的基础上做出的决定，因此，不能单一而论。这也告诉我们：对于传统文化，仍要坚持"取其精华，去其糟粕"的原则来为现代慈善理念服务。

第二节　人情随礼态度与居民慈善捐款行为

　　人情有很多含义：人之常情；情面；恩惠、情谊；礼节应酬等习俗；礼物。① 阎云翔既把人情作为关系的同义词，指交换关系的一种类型，又强调人情系统有三个结构性维度：理性算计、道德义务和情感依附。② 其实，人情作为一项社会关系的原则最早可追溯到费孝通。

　　人情历来是中国人都具有的普遍价值观念，它不仅是中国人生存和发展的特殊模式，而且是极其重要的待人处世之道。人情作为一种社会文化现象，是构成中华文化的重要源流。比较其他民族和地区，中国的人情文化似乎有着更为独特也更为成熟的形态。人情文化自身又是一个复杂的双重性结构体，由之所引发的社会效应也具有并存的二重性——既可能促进人际关系平和、情感谐调，又可能衍生不良的社会现象。③

---

　　① 中国社会科学院语言研究所词典编辑室主编：《现代汉语词典》，商务印书馆1983年版，第961页。

　　② Yan, Yunxiang, *The Flow of Gifts – Reciprocity and Social Networks in a Chinese Village*, Standford /California：Stanford University Press，1996.

　　③ 涂碧：《试论中国的人情文化及其社会效应》，《山东社会科学》1987年第4期。

一 当前人情随礼态度概况

曾几何时，随礼是人与人之间表达友谊、增进感情的一种方式，不管是亲朋好友、街坊邻居、同窗同事，还是上级领导，家中有事聚在一起，随上一份礼物，或表达祝贺，或寄托哀思，或表达一份心意，感觉很好。然而，随着社会的发展，人们生活节奏的加快，人与人之间这种表达感情的淳朴方式却悄悄地变味了。亲友之间礼尚往来，名目甚是繁多，节日寿诞、婚丧嫁娶、添丁满月、乔迁新居，都要赠送礼品礼金、宴饮庆祝，人情随礼越来越成为社会生活中的一部分。为了解受访者在人情随礼方面的支出情况，问卷中设置了"在2011年，你人情随礼大概花了多少钱？"一题。在1062个受访者中，仅有117个人没有人情随礼支出，占11.0%，其余受访者的随礼花费从100元到100000元均有，不过，由于受访者所支出的随礼额度都是以100元为整数倍波动，所以笔者根据其分布频数将其划分为不同范围，具体见表5－3。

表5－3 2011年受访者人情随礼额度

支出钱数范围（元）	人数（个）	百分比（%）
0元	117	11.0
100—500元	167	15.6
600—1000元	215	20.3
1200—2000元	191	18.0
2400—3000元	132	12.4
3500—5000元	131	12.4
5500—10000元	75	7.1
10001元以上	34	3.3

资料来源：本表数据为笔者根据问卷调查数据整理所得。

由表5－3中可知，每年人情随礼花费在"2400—3000元"和"3500—5000元"范围的受访者所占比例基本相同，若把这两部分合并，则将近25%受访者的年均随礼花费在2000—5000元，这部分受访者所占比重最高，且对所有受访者的年人情随礼支出进行均值计算得出，平均值为2993.69，即他们在人情随礼上的平均支出为

2993.69 元①，接近 3000 元，这或许更能代表当今中国人的人情随礼支出额度状况；同时，还有 18.0% 的受访者在 2011 年一年里的人情随礼总额为"1200—2000 元"，所占比重也很高。而在"10001 元以上"这个范围中，有的受访者的人情随礼支出甚至高达"12000 元""20000 元""30000 元"。可见，人情随礼支出已成为人们家庭支出中极其重要的一部分，有时甚至成为一种负担，即使透支消费也要去随礼。

为了更详细探讨当前不同收入人群的人情随礼支出状况是否有所不同，笔者计算了他们的随礼支出在其年收入中的比重，即随礼收入比。接下来，为了详细比较不同收入者的"随礼收入比"差异，笔者分析他们的"随礼收入比"的平均值，具体结果见表 5 - 4。

表 5 - 4   **不同收入群体的随礼收入比的均值**

收入 变量	1000 元以下	1001— 2000 元	2001— 3000 元	3001— 5000 元	5001 元以上
随礼收入比的均值	0.15868	0.12236	0.09413	0.08905	0.06504

资料来源：本表数据为笔者根据问卷调查数据整理所得。

由表 5 - 4 可知，"1000 元以下"群体的"随礼收入比"的平均值为 15.868%，即他们平均将 15.868% 的年收入用于人情随礼；"1001—2000 元"群体的"随礼收入比"的平均值为 12.236%，即他们平均将 12.236% 的年收入用于人情随礼；"2001—3000 元"群体的"随礼收入比"的平均值为 9.413%，即他们平均将 9.413% 的年收入用于随礼；而"3001—5000 元"和"5001 元以上"群体的"随礼收入比"的平均值为 8.905% 和 6.504%，即他们分别平均将 8.905% 和 6.504% 的年收入用于随礼。可见，从低收入到高收入人群，随着其年收入增加，其随礼收入比却降低。也就是说，不管收入

---

① 笔者在辽宁省社会科学规划基金项目（L08BSH012）中曾对辽宁省 14 个城市进行过调查，并成功获取 1102 份有效问卷，问卷内容之一就涉及受访者家庭支出，其中包括"年人情随礼"支出。调查结果显示，受访者年人情随礼支出为 3017.69 元，每年的捐赠支出为 207.73 元。因此，两个调查结果相差无几，恰起到相互验证的作用。

高低，他们平均而言至少会支出年收入的 6.504% 用于人情随礼（笔者以随礼收入比最低的"5001 元以上人群"为限），这与笔者在第三章第一节中所提到的"不同收入群体捐款收入比的均值至少在0.869% 以上"相比相差甚远，即中国人的人情随礼支出远甚于慈善捐款支出。且由表 5 - 4 也可以看出，人情随礼支出对低收入人群而言，负担更重。

其实，"重情轻财"本是中华民族的优良传统。然而，如今人们似乎只以钱财论"人情"，似乎礼送得愈重情也愈厚，于是，大家互相攀比，人情正成为中国社会越来越不能承受之重，人们更多体会的是人情压力，而非人情带来的快乐。就这样，我们一方面需要人情，另一方面又为人情所累。那么，人们如何看待人情随礼？人们把人情随礼看作一种人际交往必要手段并且非常愿意去随礼还是根本不想随礼？人们是支持还是反对日渐盛行的人情随礼？总而言之，当前人们的随礼态度是怎样的？

为了研究上述问题，笔者设计了四个题目。受访者对这些观点的赞同程度就能反映出他们对人情随礼的态度，而笔者只需对它们进行描述性统计即可，见表 5 - 5。

表 5 - 5　受访者对人情随礼态度各题项的描述性统计（样本 N = 1062）

分数 随礼 态度	1 分 %	2 分 %	3 分 %	4 分 %	5 分 %	6 分 %	7 分 %	均值	方差	标准差	偏度	峰度
随礼 够意思	8.9	9.2	16.9	21.9	22.1	12.0	9.0	4.11	2.837	1.684	-0.134	-0.715
随礼拉 近关系	6.1	6.1	14.1	20.2	22.8	15.8	14.8	4.54	2.839	1.685	-0.326	-0.620
随礼变 相投资	12.7	14.0	15.2	21.8	18.9	9.2	8.1	3.80	3.108	1.763	0.046	-0.884
礼尚往 来随礼	6.3	7.6	10.3	20.7	22.5	15.4	17.1	4.60	2.999	1.732	-0.381	-0.648

说明：此表中这些简称只是对人情随礼态度维度 4 个测量题项的代称，分别是：对亲戚朋友人情随礼，才是够意思、讲道义、尽义务；对亲戚朋友等人情随礼，会让双方的关系越走动越亲近；对亲戚朋友的人情随礼，是一种变相投资，将来也会得到回报；你坚信"礼尚往来是做人的准则"，所以你愿意人情随礼。

资料来源：本表数据为笔者运用 SPSS17.0 对问卷调查数据计算所得。

　　人情随礼作为建立和维持个人关系的方式之一，有人认为给对方人情随礼才是够意思、尽义务、讲道义、有良心等，而这恰好可以对随礼人和收礼人起到道德约束作用，因为双方将来都有义务去给对方随礼，以及有义务分享资源等。也就说，这种道德约束可以驱动人们去人情随礼。在本研究中，"随礼够意思"一题是为了测量受访者是否出于"够意思、尽义务"的道德趋势而去人情随礼。由表5-5可知，作答"5分"的受访者所占比例最高，为22.1%；其次是"4分"，受访者所占比例为21.9%；且受访者对此题项所作答分数的均值为4.11分，刚刚超过4分，也就是说，受访者在人情随礼时受到"中等"程度的道德驱动。

　　传统文化影响的"随礼"已经不再具有外在的规范约束性质，而是现实地成为人心的内在要求，有时候甚至直接与内心情感联系在一起。从某种意义上说，随礼行为的驱动之一就是情感驱动，不参与随礼圈子首先要忍受"没有人性""不懂人情"的情感煎熬。[1] 而人们也常言："亲戚越走越亲，邻居越走越近。"其实，人们在随礼过程中通常会遇到两种情感："一种是享受，另一种是痛苦。对于那些握有好感的人来说，在他们举办庆典时送礼我会感到非常高兴，因为礼物出自我的真心。但是，我经常不得不参加不喜欢的人所举办的仪式并送礼，而那是非常可恶的。"[2] 于是，这种正反两方面的情感驱动是人们去人情随礼的动力之一。在本研究中，"随礼拉近关系"一题便是为了测量受访者是否出于情感原因而随礼，如为了拉近与对方的关系或避免被别人说"不懂人情"等。由表5-5可知，作答"5分"的受访者所占比例最高，为22.8%；其次是"4分"，受访者所占比例为20.2%；且受访者对此该题所作答分数的均值为4.54分，接近5分，也就是说，受访者在人情随礼时受到情感方面的驱动较大。

　　现代社会的人情随礼除了具有道德和情感"味道"外，还成为某

---

① 孟涛：《礼金、理性与农民随礼行为——一项关于农村社区随礼现象的实证研究》，硕士学位论文，山东大学，2006年。

② Yan, Yunxiang, *The Flow of Gifts - Reciprocity and Social Networks in a Chinese village*, Standford /California：Stanford University Press, 1996, p. 141.

些人在人际交往中的"一种变相投资"，且这种投资通常不会贬值，反而可能会升值。杨林在其研究中指出：随礼具有储蓄性质，因为在很多金山社区居民心中，"随出去"的"礼"早晚有一天还会"大体等价"地返回自己手中，不会出现随礼收不回来的情况，送礼者有足够的体面，而且随着时间的推移，可能还会有"利息"。①在本研究中，"随礼变相投资"一题便是测量受访者是否也赞同人情随礼"是一种变相投资，将来也会得到回报"，从而受到"预期回报"的趋势而去人情随礼。这里的"预期回报"是指随礼者对单位资源的付出和收获进行综合考虑以期获得最大收益，并尽量规避可能带来损失的风险。由表5-5可知，作答"4分"的受访者所占比例最高，占21.8%；其次为"5分"，受访者所占比例为18.9%；除此之外，在"1—3分"范围内，受访者所占比例的分布较为均匀；同时，在"6分"和"7分"这样的高分分数段，受访者所占比例则相对较低。最重要的是，受访者对此题项作答分数的均值仅为3.80分，还不到4分，也就是说，大部分受访者并不赞同人情随礼就是一种变相投资。换言之，此数据表明：受访者在人情随礼时受到预期回报的想法的驱动并不大。

中国人向来重视礼尚往来，并将其奉为人生所信仰的准则，而人情随礼则是其中最通常的表现形式。在本研究中，"礼尚往来随礼"就是测量受访者是否赞同礼尚往来这个观点并把它作为随礼的基本原则。由表5-5可知，受访者对此问题作答分数主要集中在"4分"和"5分"，所占比例分别为20.7%、22.5%，且总计有75.7%的受访者作答分数不低于"4分"，而选择低分数的受访者较少；且受访者对此题项所作答分数的均值为4.60分，偏向于5分，也就是说，受访者认可礼尚往来的做人准则，这也正是他们人情随礼的源泉。

综上关于受访者人情随礼基本看法的论述可知，受访者对"随礼够意思"一题所作答分数的均值为4.11分，对"随礼拉近关系"一题所作答分数的均值为4.54分，对"随礼变相投资"一题所作答分

---

① 杨林：《沈阳市金山社区随礼现象研究》，《科技信息》2007年第17期。

数的均值为 3.80 分，对"坚信礼尚往来随礼"一题所作答分数的均值为 4.60 分，即 4.60 > 4.54 > 4.11 > 3.80，也就是说，受访者最认同礼尚往来。换言之，在人情随礼的四个层面中，受访者的人情随礼受礼尚往来层面的驱动最大，其次受到情感驱动（即为了拉近双方关系）。

二　人情随礼态度对慈善捐款行为的影响

为了探讨人情随礼态度对慈善捐款行为的影响，笔者将其纳入模型 2 中以构建起第二章第二节所提到的模型 3。此模型主要包括慈善捐款态度、慈善捐款主观规范、利他主义倾向、慈善价值观、人情随礼态度、慈善捐款行为六个潜变量。本研究采用 Mplus 5.2 对理论模型进行检验，并选用 MLM 法进行参数估计和模型拟合度检验。该模型的拟合指标见表 5 – 6。

表 5 – 6　　　　　　　　　　拟合度指标分布表

模型	对数似然函数 H0 值	对数似然函数 H1 值	信息标准			
			自由参数个数	AIC	BIC	调整 BIC
	–63239.935	–61855.866	92	126663.869	127120.917	126828.709

模型 3	模型拟合 χ^2 检验				基准模型拟合 χ^2 检验		
	χ^2	自由度	P 值	量表修正因子	χ^2	自由度	P 值
	2144.940	313	0.0000	1.291	10255.502	351	0.0000
	RMSEA	CFI	TLI	SRMR			
	0.074	0.815	0.793	0.075			

资料来源：本表数据为笔者借助软件 Mplus 5.2 对问卷数据进行模型运算的结果。

从表 5 – 6 可以看出：在此模型中，χ^2 = 2144.940，df = 313，卡方值与自由度比值为 6.85（大于 5），拟合不算好，但由于它受样本容量的影响，对于评价单个模型意义不大；RMSEA = 0.074，可以说是不错的模型拟合；TLI = 0.815，CFI = 0.793，前者接近 0.9，后者距判断值 0.90 有点距离，从这两个指标看：模型拟合一般；SRMR = 0.075，小于判断值 0.08，从此指标看：模型拟合还可以。从总体上看，各拟合指标表明：模型整体拟合还可以。

考察了模型整体拟合度后，笔者对各潜变量进行路径分析。各变量间标准化路径系数的具体结果见图 5 - 2。

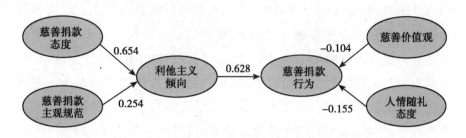

图 5 - 2　模型 3

资料来源：本图为笔者运用 Mplus5.2 所绘制的模型运算结果图。

图 5 - 2 是验证后的模型 3 及标准化路径系数，其中数字表示路径系数即一个变量到另一个变量的直接效应，数字越大，表明一个变量对另一个变量的影响越大。其中，"利他—计划行为模型"变量、慈善价值观对捐款行为的影响效应问题，笔者在前文已经分析过，在此不再赘述，值得一提的是：加入人情随礼态度后，各条路径系数大小有所变化，但由于该模型中的路径系数并不是笔者所要研究的最终结果，因此暂且不作讨论。下面，笔者主要讨论人情随礼态度与捐款行为问题。

由于笔者构建模型 3 是为了着重探讨人情随礼态度对慈善捐款行为的直接影响，而且二者间只存在直接影响效应，换言之，二者间的直接效应 = 总效应。在此处，笔者用影响总效应来表示。由图 5 - 2 可知，当把人情随礼态度纳入模型 3 中时，它对捐款行为存在负向影响，其影响总效应系数为 - 0.155，即受访者人情随礼的态度越积极，则他越不愿意慈善捐款。换言之，一个人越"看重"人情随礼，则其做慈善捐款越少。

其实，对大多数人而言，扣除日常支出后的可支配收入是相对稳定的，如果用于人情随礼的支出多了，则用于慈善捐款的支出则必定会相应减少。

同时，我们需要注意一点：本研究中受访者在人情随礼上的年平均支出为 2993.69 元，在"总慈善捐款行为（即向陌生人和慈善组织等的捐款总额）"上的年平均捐款额为 361.61 元，则人情随礼是慈善捐款的 8.28 倍；而笔者 2011 年 2 月在辽宁省社会科学规划基金项（L08BSH012）目中对辽宁省 14 个城市所进行的调查发现：受访者的年人情随礼支出和年捐赠支出分别为 3017.69 元和 207.73 元，则人情随礼是慈善捐款的 14.53 倍。可见，同样都是"把钱赠送给他人"，中国人用于人情随礼的钱可以说是慈善捐款的数倍之多。那么，在以后的慈善捐款动员中，是否可以借"人情随礼之手"来募捐呢？或者将一部分原本用来随礼的钱转化为慈善捐款呢？

第六章

慈善信任和政策措施对居民慈善
捐款行为的影响分析

第四章和第五章主要探讨了慈善捐款态度、慈善捐款主观规范、利他主义倾向、慈善价值观和人情随礼态度等与慈善捐款行为有直接关联的心理因素状况，以及它们对慈善捐款行为的影响，但这并未涉及外部因素对居民慈善捐款行为的影响问题。在本章中，笔者将着重探讨慈善信任和慈善捐款政策措施这两个外部因素对慈善捐款行为的影响。

第一节　居民慈善信任与慈善捐款行为

一　居民慈善信任状况

慈善是爱心的表现，遗憾的是，最近一段时期，国内一些慈善机构却以其许多不合慈善行业的理念和法则，酿出了多起"慈善风波"，剧烈地冲击了人们的神经，不仅蚕食其作为慈善机构所应有的公信力，更玷污了整个社会的良心。国内慈善业由此陷入了前所未有的信任危机。

据民政部中民慈善捐助信息中心介绍，全国捐赠数据监测显示：2011年6月"郭美美事件"发生后，公众通过慈善组织进行的捐赠大幅降低。同年3—5月，慈善组织接收捐赠总额62.6亿元，而6—8月捐赠总额降为8.4亿元，降幅86.6%。该负责人认为，公众选择慈善组织来捐赠的概率降低，从某种程度上可以说是对慈善组织的不信任。[①] 与此同时，

---

① 《"郭美美"事件后慈善组织受捐额剧降　慈善公信力急速下降》（http://www.sz.net.cn/firstpage/2011-08/26/content_ 2745812. htm）。

2011 年 9 月 22 日，网易彩票网友中 863 万元福彩大奖。经多方证实，大奖得主为山东省泰安市市民张鹏。张鹏表示，得奖后一直在思考该怎样让善款真正回馈给社会，但因为"郭美美事件"，不会向慈善组织捐款。[①] 其实早在 2011 年 8 月 8 日，网上就爆出中国妇女发展基金会用善款高价收购炉具牟利。尽管该基金会在当天就迅速辟谣，但网友的评论几乎是一边倒的"不管你信不信，反正我不信"论调。也就是说，这些事件都说明一个观点：由于"郭美美事件"等负面事件的发生，不管是官办还是非官办慈善机构的公信力都或多或少受到了影响，从而影响了公众慈善捐赠。但在 2011 年 9 月 21 日中华慈善总会举办"慈善之光中华慈善成果展"通报会并就尚德捐款门、捐赠数额下滑等热点问题进行回应时，相关负责人却透露：慈善总会捐赠额未受"郭美美事件"等事件影响。[②] 究竟当前公众对慈善机构和慈善制度的信任情况如何？慈善组织的公信力在公众心中是否已经一落千丈？与之相关的，公众对求助者的信任情况如何？更进一步的，公众对慈善机构、慈善制度、求助者的信任情况是否会直接影响居民的捐款行为，进而影响到慈善事业的未来发展呢？这些问题都是笔者接下来的研究动力。

在本研究中，对慈善信任的测量主要包括三个方面：对求助者的信任、对慈善制度的信任、对慈善组织的信任。为了分析受访者在这三个方面的具体情况，笔者对其进行描述性分析，见表 6 - 1。

表 6 - 1　　受访者慈善信任状况的描述性分析（样本 N = 1062）

分数　　　　信任	1 分 %	2 分 %	3 分 %	4 分 %	5 分 %	6 分 %	7 分 %	均值	方差	标准差	偏度	峰度
信任求助者	5.4	6.5	12.1	21.5	25.0	15.1	14.5	4.58	2.693	1.641	- 0.352	- 0.506

---

①　汤凯锋：《网易彩民中 863 万元大奖因郭美美事件拒绝捐款》，《南方日报》2011 年 9 月 26 日。

②　陈荞：《慈善总会否认受郭美美影响　捐赠额或与去年持平》，《京华时报（北京）》2011 年 9 月 22 日。

续表

分数 信任	1分 %	2分 %	3分 %	4分 %	5分 %	6分 %	7分 %	均值	方差	标准差	偏度	峰度
信任慈善组织	17.8	13.0	15.5	19.8	17.7	9.4	6.8	3.24	3.202	1.789	0.333	-0.915
信任慈善制度	23.9	14.7	18.4	15.9	15.5	6.9	4.7	3.62	3.299	1.816	0.097	-0.990

说明：此表中这些简称只是对慈善信任维度3个测量题项的代称，分别是：你认为大部分人是值得信任的，所以那些求助者是真的遇到了困难；你相信中国现在的慈善制度还是比较好的；现在虽然出现了一些有关慈善组织的负面事件（如"郭美美事件"），但你仍相信大部分慈善机构能尽职尽责。

资料来源：本表数据为笔者运用SPSS17.0对问卷调查数据计算所得。

由表6-1可知，在"信任求助者"一项中，受访者作答"5分"者所占比例最高，达25.0%；其次为"4分"，占21.5%；大部分受访者作答分数都在"4分"以上，仅有总计约24.0%的受访者作答"1—3分"。对此题所有分值进行均值分析发现，均值为4.58分，接近5分，也就是说，受访者对求助者的信任程度还是比较高的，他们相信：求助者是真的遇到了困难，求助者并不是骗人的。或许正是求助者的苦难境况打动了受访者，进而增加了受访者的信任度。这一点在本研究的另一个测量题项中也得到了证实：当询问受访者"日常慈善宣传中，什么内容最能打动你"时，59.8%的受访者选择了"求助者的困难处境"。

在"信任慈善组织"一项中，数据分布趋势与"信任求助者"一项几乎完全相反，受访者对慈善组织信任程度的作答分数主要集中在低分，尤其以"1分""3分""4分"最为突出，近一半的受访者作答分数在"1—3分"，且此题所有分数的均值仅为3.62分，这一切都证实了：当前公众对慈善组织的信任度较低。

而在"信任慈善制度"一项中，受访者作答分数也不高。作答"1分"的受访者所占比例最高，为23.9%，且约有一半多的受访者所作答分数不高于"3分"；同时，此题所有分数的均值仅为3.24分，这一切都说明：受访者对当前中国慈善制度的信任度极低，慈善事业的发展亟待从根本上完善慈善制度。

综上所述，当前居民除了对求助者的信任度较高外，对慈善制度和慈善组织的信任度都比较低，这可能与慈善组织之前所发生的一系列负面事件有关，也可能与慈善组织、慈善制度固有的弊端有关。

二　慈善信任对慈善捐款行为的影响

那么，居民的慈善信任是否会影响其慈善捐款行为呢？为了探讨这种影响，笔者构建了以居民慈善信任为自变量、以慈善捐款行为为因变量的一元线性回归模型：$CD = \alpha_0 + \alpha_1 CT + \varepsilon$。其中，CD 代表慈善捐款行为，CT 代表慈善信任，α_0 为常数项，α_1 为解释变量的系数，ε 为随机误差。接下来，笔者运用 SPSS17.0 对模型进行拟合度检验，结果得出：此模型 R^2 为 0.017，调整 R^2 为 0.016，具体参数估计结果见表 6 - 2。

表 6 - 2　　　　　　　　一元线性回归模型参数估计结果

模型	非标准化系数		标准系数	t	Sig.
	B	标准 误差	试用版		
（常量）	48.166	21.075		2.285	0.022
慈善信任总分（CT）	10.598	2.456	0.131	4.315	0.000

说明：此处"慈善信任总分"是由"各题项得分乘以其对所在潜变量的贡献系数，然后将这个潜变量所包含的各个题项相加"获得的。

资料来源：本表数据为笔者运用 SPSS 17.0 对问卷调查数据计算所得。

根据以上结果，得到回归方程：$CD = 48.166 + 10.598CT$。同时，由表 6 - 2 中对非标准化回归系数 B 进行 t 检验发现，其显著性水平为 0.000，即回归系数 B 显著不等于 0。可知，慈善信任因素显著影响慈善捐款行为。

虽然笔者已经用回归方法分析了慈善信任对慈善捐款行为的影响大小问题，但它只探讨了两个因素之间的关系，事实上，居民在做慈善捐款时不只是考虑自己是否信任求助者或慈善组织等问题，还会考虑其他诸多方面，因此，笔者把慈善信任因素纳入模型 3 中以构建起第二章第二节中所提到的模型 4，在此模型上再分析慈善信任因素对居民捐款行为有多大影响。

模型 4 主要包括慈善捐款态度、慈善捐款主观规范、利他主义倾向、慈善价值观、人情随礼态度、慈善信任、慈善捐款行为七个潜变量。本研究采用 Mplus 5.2 对理论模型进行检验，并选用 MLM 法进行参数估计和模型拟合度检验。该模型拟合指标见表 6 - 3。

表 6 - 3　　　　　　　　　　　　　拟合度指标分布表

模型	对数似然函数 H0 值	对数似然函数 H1 值	信息标准			
			自由参数个数	AIC	BIC	调整 BIC
模型 4	- 52173.444	- 51111.929	70	104486.887	104834.641	104612.309
	模型拟合 χ^2 检验				基准模型拟合 χ^2 检验	
	χ^2	自由度	P 值	量表修正因子	χ^2	自由度	P 值
	1693.744	182	0.0000	1.253	8042.613	210	0.0000
	RMSEA	CFI	TLI	SRMR			
	0.088	0.807	0.777	0.079			

资料来源：本表数据为笔者借助软件 Mplus5.2 对问卷数据进行模型运算的结果。

从表 6 - 3 可以看出，在该模型中：$\chi^2 = 1693.744$，df = 182，卡方值与自由度比值为 9.31（大于 5），拟合不算好，但由于它受样本容量的影响，对于评价单个模型意义不大；RMSEA = 0.088，可以说是中度的模型拟合；TLI = 0.807，CFI = 0.777，这两个指标相距判断值 0.90 有点距离，从这两个指标看：模型拟合不很好；标准化残差均方根（Standardized root means square residual，SRMR）= 0.071，小于判断值 0.08，从此指标看：模型拟合还可以。但从总体上看，多数拟合指标表明：模型整体拟合一般。

虽然上述指标说明笔者所构建模型整体拟合度一般，但对其进行路径分析发现，各变量间标准化路径系数均不能忽视，具体结果见图 6 - 1。

图 6 - 1 是验证后的模型 4 及标准化路径系数，其中数字表示路径系数即一个变量到另一个变量的直接效应，数字越大，表明一个变量对另一个变量的影响越大。其中，"利他—计划行为模型"变量、慈善价值观、人情随礼态度对捐款行为的影响效应问题，笔者在前文已

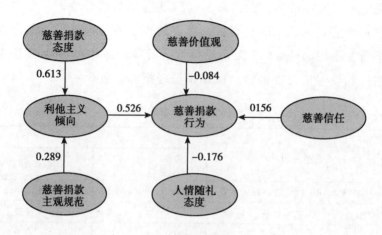

图 6 - 1　模型 4

资料来源：本图为笔者运用 Mplus 5.2 所绘制的模型运算结果图。

经分析过，在此不再赘述，值得一提的是：加入慈善信任后，各条路径系数大小有所变化，但由于该模型中的路径系数并不是笔者所要研究的最终结果，因此，暂且不作讨论。下面，笔者主要讨论慈善信任对捐款行为的影响问题。

由于笔者构建模型 4 是为了着重探讨慈善信任对慈善捐款行为的直接影响，而且二者间只存在直接影响效应，换言之，二者间的直接效应 = 总效应。在此处，笔者用影响总效应来表示。由图 6 - 1 可知，与表 6 - 2 用回归方法探讨"慈善信任与慈善捐款行为"关系的研究结果相类似，当把慈善信任纳入模型 4 中时，它对捐款行为也存在正向影响，其影响总效应系数为 0.156，要大于表 6 - 2 中单独研究"慈善信任影响捐款行为"的影响系数，这说明：将各个因素放在一起进行比较分析更能揭示它们对慈善捐款行为的真实影响程度。

第二节　政策措施与慈善捐款行为

我国慈善事业的发展与我国系列法律法规和政策推动分不开，这些法律法规和政策为慈善事业发展提供了有力保障。我国涉及公益慈善事业的法律法规和政策规范性文件主要有:《中华人民共和国公益事业捐赠法》《中华人民共和国企业所得税法》《中华人民共和国红十字会法》《社会团体登记管理条例》《基金会登记管理条例》《个人所得税实施细则》《救灾捐赠管理办法》等。仅 2014 年,从中央到地方,共出台了百余项公益慈善政策。

社会捐赠是保证公益慈善事业发展的主要经济来源之一。目前,我国公益慈善捐赠活动相当活跃,为了鼓励捐赠,规范捐赠和受赠行为,保护捐赠人、受赠人和受益人的合法权益,促进公益事业发展,我国颁布了一系列的规范性文件。例如,1999 年我国颁布了《中华人民共和国公益事业捐赠法》;2006 年卫生部发布《卫生部接受社会捐赠财产管理暂行办法(卫办规财发〔2006〕7 号)》,以加强接受社会捐赠财产的管理,充分发挥捐赠资金使用效益。

一　居民对现有慈善捐款政策措施的知晓及认可程度

现有鼓励居民慈善捐款的政策措施有很多,既有一系列激励政策,也有方方面面的监督措施,其中激励政策包括以法律形式或非法律形式存在的物质奖励政策、精神奖励政策等,而监督措施则主要包括慈善信息反馈方式和慈善监督方式两个方面。以激励慈善捐款的税收优惠政策为例,不少学者的研究都证明:税收政策能激励社会捐赠,而且中国目前个人所得税制对个人捐赠支出采取的税收扣除政策,不仅便于加强税收征管,更重要的是符合中国当前贫富差距比较严重的客观现实。例如,丁美东等都曾在这方面做过研究。[1]

笔者认为,既然现有研究已经证实了税收优惠政策的这种积极效应,那么,我们就应该利用这种积极效应来激励广大居民参与到慈善捐款中。据此,笔者曾推测:很多捐款者都熟知"捐款可以享受个人所得税减免的相关政策",只是有的人积极办理了税收减免,而有的人则不愿意办理。但本次调查结果却令人吃惊,见表 6 - 4。在关于"是否知道捐款可

---

[1]　丁美东:《个人慈善捐赠的税收激励分析与政策思考》,《当代财经》2008 年第 7 期。

以享受个人所得税减免"一题中,仅有 153 个受访者回答"知道",占 14.4%;85.6% 的受访者不知道捐款可以享受个人所得税减免。接下来,在 153 个"知道可以享受个人所得税减免"的受访者中,仅有 35 个受访者"知道"如何办理税收减免手续,而这并不能保证他们自己本人确实办理过该业务,或许只是"听周围的讲解过"。可见,鼓励慈善捐款的税收优惠政策在中国并未真正发挥作用。

表 6 - 4　　　　　　　受访者关于税收优惠政策的知晓程度

题项	选项	人数	百分比	题项	选项	人数	百分比
是否知道捐款可以享受个人所得税减免	知道	153	14.4	是否知道怎样办理税收减免手续	知道	35	3.3
	不知道	909	85.6		不知道	1027	96.7
	总计	1062	100.0		总计	1062	100.0

资料来源:本表数据为笔者运用 SPSS17.0 对问卷调查数据整理所得。

除了上述题项直接测量受访者在"多大程度上在乎激励政策"外,笔者还设计了"如果捐款了,你最希望得到以下哪个东西?(单选)"一题来"含蓄"地测量受访者是否会选择税收优惠?其中答案选项包括:对捐款者进行物质奖励,如可用于税收优惠减免的捐款发票;对捐款者进行精神奖励,如冠名、授予荣誉市民称号等;以及接收钱款单位所开具的捐款证明或受助者的感谢;等等。具体研究结果见表 6 - 5。

表 6 - 5　　　　　　　受访者捐款后希望得到的回报

选项	人数	百分比
捐款发票	96	9.0
捐款证明	125	11.8
捐款较多被授予荣誉市民称号	34	3.2
受助者向我表示感谢	119	11.2
冠名	13	1.2
什么也不需要	675	63.6
总计	1062	100.0

资料来源:本表数据为笔者根据问卷调查数据整理所得。

由表 6 - 5 可知，仅有 96 名受访者表示希望能在捐款后得到"捐款发票"，占所有受访者的 9.0%，所占比例是非常小的。

其实，这一研究结果与新浪公益网所发布的《中国公众公益捐赠现状调查报告》中关于捐款减税认识现状结果类似。① 由图 6 - 2 可知，有 60.0% 的受访者不知道凭借捐款专用发票可以申请减免个人所得税，这也就意味着他们不知道现有的政策规定。

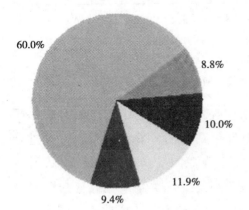

不知道凭借捐款专用发票可以申请减免个人所得税

觉得自己捐款太少而放弃

拿捐款专用发票去减免个人所得税，会让别人觉得自己小气

不想拿捐款专用发票申请和减免个人所得税

其他

图 6 - 2 居民捐款但没有申请减免税的原因

资料来源：来自新浪网发布的《中国公众公益捐赠现状调查报告》。

从以上数据可知，纵然税收减免优惠政策可以起到鼓励慈善捐款的作用，但要想利用它来激发中国居民做慈善的热情，首先就应该加大这方面的宣传，让人人都知道它，才能使广大居民在它的推动下多做一点慈善。

在本研究中，为了测量居民对现有政策措施的认可程度，从而为下一步研究政策措施因素对慈善捐款行为的影响作铺垫，笔者设计了"奖励或税收减免""监控措施"两个题项。前者主要涉及激励政策层面，后者主要涉及监督措施层面，具体研究结果见表 6 - 6。

---

① 新浪网：《中国公众公益捐赠现状调查报告》（http://gongyi.sina.com.cn/jzdiaocha/index.html）。

表 6 – 6　　　　　居民对政策措施的认可（样本 N = 1062）

分数 政策措施	1分 %	2分 %	3分 %	4分 %	5分 %	6分 %	7分 %	均值	方差	标准差	偏度	峰度
奖励或税收减免	12.9	7.4	11.5	17.9	16.1	13.5	20.7	4.40	3.980	1.995	-0.279	-1.069
监控措施	3.3	1.8	5.0	7.2	13.8	22.7	46.2	5.79	2.406	1.551	-1.443	1.502

说明：此表中这些简称只是对政策措施维度 2 个测量题项的代称，分别是：捐款后，如果给你一定奖励或税收减免，那你以后继续捐款的可能性会增加；如果有严格的监控措施来保证你的捐款得到合理使用，会促使你捐款。

资料来源：本表数据为笔者运用 SPSS17.0 对问卷调查数据计算所得。

由表 6 – 6 可知，在"奖励或税收减免"一题中，有 20.7% 的受访者作答"7分"，且笔者将此题和受访者的"职业类型"一题进行交叉表分析发现：在 220 个作答"7分"的受访者中，有 75 人是企业普通工作人员，占 34.09%，也就是说，"奖励或税收优惠"对企业工作人员还是相当具有吸引力的，因为他们的工资收入范围波动较大，不少企业工作人员的工资收入都涉及缴纳个人所得税问题，而某些慈善捐款恰恰可以享受税收优惠政策；同时，分别还有 16.1% 和 13.5% 的受访者对此题各作答"5分""6分"。总的来说，有 50.3% 的受访者对此题的作答分数在"5分"以上。换言之，约有一半的受访者认可"一定奖励或税收减免会让你以后继续捐款的可能性增加"。不过，仍总计有 31.8% 的受访者作答"1—3分"，即约 1/3 的受访者并不"喜欢"奖励或税收减免。

在"监控措施"一题中，受访者对此题的看法较为一致：46.2% 的人作答了"7分"，22.7% 的受访者作答了"6分"，两者所占比例高达 68.9%；其次，作答"5分"的受访者也占 13.8%。可见，"监控措施"一项得到了受访者的高度认可。由此可知，严格的监控措施可以大大促使居民慈善捐款。

综上所述，在鼓励居民慈善捐款的两项政策措施中，受访者对"奖励或税收减免"一题所作答分数的均值为 4.40 分，对"监控措施"一题所作答分数的均值为 5.79 分，即 5.79 > 4.40，也就是说，居民对"监控措施"的认可程度要大于对"奖励或税收减免"的认可程度，换言之，严格的监控措施更能促进居民去慈善捐款，即他们更在乎善款得到合理、妥善使用。

二　政策措施对慈善捐款行为的影响

为了探讨政策措施因素对慈善捐款行为的影响，笔者将其纳入模型 4 中以构建起第二章第二节提到的模型 5。此模型主要包括慈善捐款态度、慈善捐款主观规范、利他主义倾向、慈善信任、慈善价值观、人情随礼态度、政策措施、慈善捐款行为八个潜变量。本研究采用 Mplus5.2 对理论模型进行检验，并选用 MLM 法进行参数估计和模型拟合度检验。该模型的拟合指标见表 6 - 7。

表 6 - 7　　　　　　　　　　　拟合度指标分布表

模型	对数似然函数 H0 值	对数似然函数 H1 值	信息标准			
			自由参数个数	AIC	BIC	调整 BIC
	-72950.850	-71165.453	118	146137.700	146723.914	146349.125
模型 5	模型拟合 χ^2 检验				基准模型拟合 χ^2 检验	
	χ^2	自由度	P 值	量表修正因子	χ^2	自由度	P 值
	2798.386	442	0.0000	1.276	12248.605	496	0.0000
	RMSEA	CFI	TLI	SRMR			
	0.071	0.800	0.775	0.081			

资料来源：本表数据为笔者借助软件 Mplus 5.2 对问卷数据进行模型运算的结果。

从表 6 - 7 可以看出，在此模型中：$\chi^2 = 2798.386$，df = 442，卡方值与自由度比值为 6.33（大于 5），拟合一般，但由于它受样本容量的影响，对于评价单个模型意义不大；RMSEA = 0.071，可以说是不错的模型拟合；TLI = 0.800，CFI = 0.775，前者接近 0.90，后者相距判断值 0.90 有点距离，从这两个指标看：模型拟合一般；标准化残差均方根（Standardized root means square residual，SRMR）= 0.081，在判断值 0.08 附近，从总体上看，各拟合指标表明：模型整体拟合还可以。

　　考察了模型整体拟合度后，笔者对各潜变量进行路径分析。各变量间标准化路径系数的具体结果见图 6 - 3。

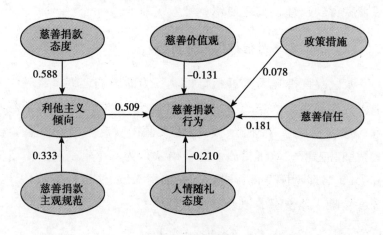

图 6 - 3　模型 5

资料来源：本图为笔者运用 Mplus 5.2 所绘制的模型运算结果图。

　　图 6 - 3 是验证后的模型 5 及标准化路径系数，其中数字表示路径系数即由一个变量到另一个变量的直接效应，数字越大，表明一个变量对另一个变量的影响越大。其中，"利他—计划行为模型"变量、慈善价值观、人情随礼态度、慈善信任等因素对居民捐款行为的影响效应问题，笔者在前文已经分析过，在此不再赘述，值得一提的是：加入政策措施因素后，各条路径系数大小有所变化，但由于这些路径系数并不是笔者所要研究的最终结果，因此，暂且不作讨论。下面，笔者主要讨论政策措施因素对居民捐款行为的影响问题。

　　由于笔者构建模型 5 是为了着重探讨政策措施对慈善捐款行为的直接影响，而且二者间只存在直接影响效应，换言之，二者间的直接效应＝总效应。在此处，笔者用总影响效应来表示。由图 6 - 3 可知，现有鼓励居民慈善捐款的政策措施对慈善捐款行为存在正向影响，其影响总效应系数为 0.078。虽然这种效应比较小（由于此模型中讨论的路径系数并不是笔者所要研究的最终结果，笔者在第七章第三节中的研究结果比本路径系数要大），但它从正面肯定了现有的慈善捐款政策措施：一方面，对捐款者给予一定的奖励或税收减免，以增加捐款者继续捐款的可能性；另一方面，制定并完善对善款的监控措施以保证捐款得到合理使用，并将善款的使用情况反馈给捐款者，这既可以促使捐款者继续捐款，又能吸引其他捐款者捐款。

第七章

各因素对居民慈善捐款行为
影响的综合分析

在第四章、第五章和第六章中，笔者已分别探讨了"利他—计划行为模型"变量、慈善价值观、人情随礼态度、慈善信任和政策措施等因素对慈善捐款行为的影响，但是，前文是将这些因素依次纳入模型中进行分析，未将这些模型进行比较分析，也未探讨这些因素本身是否存在相互影响。因此，笔者在本章中主要通过构建和验证"中国城市居民慈善捐款行为影响因素综合模型"来探讨各个因素如何影响居民捐款行为。

第一节 各影响因素模型的整体拟合度及
影响系数比较

一 各影响因素模型的整体拟合度比较

在第四章第四节中，笔者为了探讨"利他—计划行为模型"变量对慈善捐款行为的影响，构建了并验证了模型1，在此不再赘述；在第五章第一节中，为了探讨慈善价值观对慈善捐款行为的影响，笔者在模型1的基础上增加慈善价值观因素而构建并验证了模型2，此模型共包括五个潜变量；在第五章第二节中，为了探讨人情随礼态度对慈善捐款行为的影响，笔者在模型2基础上增加人情随礼态度因素而构建并验证了模型3，此模型主要包括六个潜变量；在第六章第一节中，为了探讨慈善信任对慈善捐款行为的影响，笔者在模型3的基础上增加慈善信任因素而构建并验证了模型 4，该模型主要包括七个潜变量；在第六章第二节中，为了探讨政策措施对慈善捐款行为的影响，笔者在模型 4 基础上增加政策措施因素而构建并验证了模型 5，此模型主要包括八个潜变量。简而言之，笔者共构建了五个影响因素模型，但在构建这些模型进行分析时侧重点各有不同，并没有把这些模型放在一起进行比较分析，既不能发现哪些因素对慈善捐款行为影响最为突出，也不能发现最佳拟合模型。因此，笔者接下来将对此问题进行探讨。

　　本研究所有模型均采用 Mplus 5.2 进行分析，且都采用 MLM 参数估计方法进行分析。首先，笔者比较模型 1—5 的整体拟合情况以找出最佳模型，具体情况见表 7-1。

表 7-1　　　　　　　　　　　模型整体拟合度比较

模型	对数似然函数 H0 值	对数似然函数 H1 值	RMSEA	信息标准			
				自由参数个数	AIC	BIC	调整 BIC
模型 1	-46461.873	-45583.523	0.095	131	93039.746	93327.884	93143.666
模型 2	-55626.252	-54495.927	0.080	223	111404.503	111782.064	111540.675
模型 3	-63239.935	-61855.866	0.074	313	126663.869	127120.917	126828.709
模型 4	-52173.444	-51111.929	0.088	182	104486.887	104834.641	104612.309
模型 5	-72950.850	-71165.453	0.071	118	146137.700	146723.914	146349.125

模型	模型拟合 χ^2 检验				基准模型拟合 χ^2 检验		
	χ^2	自由度	P 值	量表修正因子	χ^2	自由度	P 值
模型 1	1394.877	131	0.0000	1.259	6799.356	153	0.0000
模型 2	1752.966	223	0.0000	1.290	8803.339	253	0.0000
模型 3	2144.940	313	0.0000	1.291	10255.502	351	0.0000
模型 4	1693.744	182	0.0000	1.253	8042.613	210	0.0000
模型 5	2798.386	442	0.0000	1.276	12248.605	496	0.0000

　　资料来源：本表数据为笔者根据第四章表 4-8，第五章表 5-2 和表 5-6，第六章表 6-3 和表 6-7 中数据整理所得。

　　从表 7-1 可以看出，除模型 4 外，随着模型 1 到模型 5 从"简单到复杂"，拟合度比较成熟的判断指标 RMSEA 从 0.095 降低到

0.071，即越来越小；同时，卡方值与自由度之比也越来越小，但是，AIC、BIC、调整 BIC 等值却越来越大。因此，除 AIC、BIC、调整 BIC 指标外，其他比较成熟的模型拟合度指标都说明：复杂模型拟合更好。这也就意味着：当把"慈善捐款态度、慈善捐款主观规范、利他主义倾向、慈善信任、慈善价值观、人情随礼态度、政策措施、慈善捐款行为"八个潜变量都纳入模型中时为最佳模型。

二　各影响因素模型的模型路径系数比较

模型整体比较只能解决模型整体拟合度孰优孰劣的问题，但是不能体现各因素对慈善捐款行为的影响大小。因此，比较不同模型下的路径系数也是非常必要的。各个模型的路径系数比较情况见表 7 - 2。

表 7 - 2　　　　　　　　　模型标准化路径系数比较

影响路径	模型 1	模型 2	模型 3	模型 4	模型 5
1. 慈善捐款态度影响利他主义倾向	0.652	0.670	0.654	0.613	0.588
2. 慈善捐款主观规范影响利他主义倾向	0.209	0.226	0.254	0.289	0.333
3. 利他主义倾向影响慈善捐款行为	0.470	0.578	0.628	0.526	0.509
4. 慈善价值观影响慈善捐款行为		-0.123	-0.104	-0.084	-0.131
5. 人情随礼态度影响慈善捐款行为			-0.155	-0.176	-0.210
6. 慈善信任影响慈善捐款行为				0.156	0.181
7. 政策措施影响慈善捐款行为					0.078

资料来源：本表数据为笔者根据第四章图 4 - 1，第五章图 5 - 1 和图 5 - 2，第六章图 6 - 1 和图 6 - 3 等各变量间路径系数整理所得。

从表 7 - 2 可以看出：

模型 2 与模型 1 相比，当把慈善价值观加入到模型 1 中后，有关"利他—计划行为模型"变量的参数影响方向并没有变化，只是路径系数大小有一定变化，而且均变得比原来大了，这说明：利用"利他—计划行为模型"来研究诸如慈善捐款等利他行为是切实可行的，尤其是它可以揭示影响个人利他行为发生的原因。但是，对模型 1 和模型 2 进行比较的结果也告诉我们："利他—计划行为模型"作为一种理论构架只能揭示慈善捐款行为的部分影响因素，运用该理论研究利他行为时，研究者还应该适时纳入一些其他变量。

模型 3 与模型 2 相比，当加入人情随礼态度后，慈善捐款主观规范对利他主义倾向的影响系数由 0.226 提高到 0.254；同时，利他主义倾向对慈善捐款行为的影响系数也由 0.578 提高到 0.628；但加入人情随礼态度后，慈善价值观对居民捐款行为的影响系数有所降低。

模型 4 与模型 3 相比，当增加慈善信任因素后，除"慈善捐款主观规范对利他主义倾向的影响系数由 0.254 提高到 0.289、人情随礼态度对慈善捐款行为的影响系数的绝对值由 0.155 提高到 0.176"外，其他各路径系数都有所减少，这可能是慈善信任因素的缘故。

模型 5 与模型 4 相比，当加入鼓励捐款的政策措施因素后，除"慈善捐款态度对利他主义倾向的影响系数有所减小，以及利他主义倾向对捐款行为的影响系数也有所减小"外，其他路径系数都变大了。不过，鼓励捐款的政策措施因素对居民捐款行为的影响系数却极小，此问题值得笔者在接下来的研究中继续探讨。

综上对五个模型的比较可知，当逐次加入各个因素并构建起多个模型以探讨它们对慈善捐款行为的影响时，复杂模型更能揭示各影响因素的大小，而且更能凸显不同因素对慈善捐款行为的各自影响效应。但是，现有这些因素是否除了直接影响慈善捐款行为外，还会间接影响居民捐款行为呢？这是笔者接下来要讨论的问题。

第二节 综合模型的整体拟合度及影响系数分析

由第六章第二节研究可知，现有鼓励居民慈善捐款的政策措施对慈善捐款行为存在正向影响，其影响效应为 0.078，也就是说，这种影响效应是比较小的；同时，当前社会上出现了种种有关慈善组织公信力的质疑，公众对慈善制度的信任程度也不高，且不少人对求助者都提出"怀疑"，总而言之，当前广大居民的慈善信任度并不算高。那么，既然慈善捐款政策措施对慈善捐款行为的直接影响效应比较

小，政策措施因素会不会对广大居民慈善信任的影响反而比较大，并
且会通过影响广大居民的慈善信任而间接提高政策措施因素对慈善捐
款行为的影响呢？同时，由第五章第一节研究可知，慈善价值观对慈
善捐款行为存在负向影响，但笔者分析慈善价值观与其他因素的相关
性发现，此因素与慈善捐款态度的相关性较大。那么，这是否意味着
居民慈善价值观的改变会引起其慈善捐款态度变化？为了解答这些疑
问，笔者在模型5的基础上构建起慈善捐款行为影响因素综合模型，
即模型6，以探讨各个因素对慈善捐款行为的综合影响。

一　中国城市居民慈善捐款行为影响因素综合模型的整体拟合度检验

　　与模型5相比，该综合模型6也包括慈善捐款态度、慈善捐款主
观规范、利他主义倾向、慈善信任、慈善价值观、人情随礼态度、政
策措施、慈善捐款行为八个潜变量，但是，它除了探讨模型5中所提
到的各个变量间的关系外，还增加了慈善价值观与慈善捐款态度、政
策措施与慈善信任两组变量间的关系路径，以探讨笔者在第二章第二
节中提出的研究假设1—9。接下来，笔者采用 Mplus 5.2 对理论模型
6进行检验，并选用 MLM 法进行参数估计和模型拟合度检验。该模型
的拟合指标见表7-3。

表7-3　　　　　　　　　　拟合度指标分布表

模型	对数似然函数 H0 值	对数似然函数 H1 值	自由参数个数	信息标准		
				AIC	BIC	调整 BIC
	-73018.918	-71165.453	111	146259.835	146811.273	146458.718
模型6	模型拟合 χ^2 检验			基准模型拟合 χ^2 检验		
	χ^2	自由度	P 值	量表修正因子	χ^2	自由度	P 值
	2906.782	449	0.000	1.275	12248.605	496	0.000
	RMSEA	CFI	TLI	SRMR			
	0.072	0.791	0.769	0.082			

资料来源：本表数据为笔者借助软件 Mplus 5.2 对问卷数据进行模型运算的结果。

从表 7 - 3 可以看出，在此模型中：χ^2 = 2906.782，df = 449，卡方值与自由度比值为 6.47（大于 5），拟合一般，但由于它受样本容量的影响，对于评价单个模型意义不大；RMSEA = 0.072，可以说是不错的模型拟合；TLI = 0.791，CFI = 0.769，两者相距判断值 0.90 有点距离，从这两个指标看：模型拟合一般；标准化残差均方根（Standardized root means square residual, SRMR）= 0.082，在判断值 0.08 附近，从此指标看：模型拟合一般。从总体上看，各拟合指标表明：模型整体拟合一般。

同时，在结构方程模型分析中，前置变量对结果变量的解释能力由复决定系数 R^2 表示，R^2 代表结果变量方差可由前置变量方差解释的比例，比例越高则解释能力越强，反之亦然。在本研究中，理论模型 6 所包含的慈善捐款态度、捐款行为意向、捐款行为和慈善信任四个变量都是结果变量，其 R^2 值如表 7 - 4 所示。

表 7 - 4　　　　　　　　　　　模型 6 的统计功效

测量项	慈善捐款态度	捐款行为意向	捐款行为	慈善信任
R^2	0.724	0.725	0.243	0.186
P 值	0.000	0.000	0.019	0.000

由表 7 - 4 可知，模型 6 对慈善捐款态度、捐款行为意向、捐款行为和慈善信任的解释力分别为 0.724、0.725、0.243 和 0.186，且这些解释力均显著。

二　中国城市居民慈善捐款行为影响因素综合模型的影响系数分析

虽然上述指标说明综合模型整体拟合度一般，但对其进行路径分析发现，各变量间标准化路径系数"不错"，具体结果见图 7 - 1。

图 7 - 1 是验证后的模型 6 及标准化路径系数，其中数字表示路径系数即一个变量到另一个变量的直接效应，数字越大，表明一个变量对另一个变量的影响越大。为了讨论此模型是否与先前的模型 1—5 相比更能揭示各影响因素对慈善捐款行为的影响力，笔者选取与本模

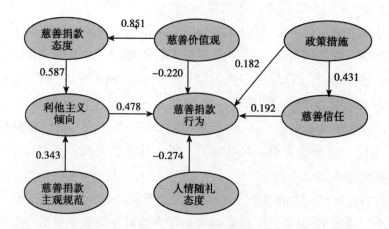

图 7 - 1　国城市居民慈善捐款行为影响因素综合模型（模型 6）

资料来源：本图为笔者运用 Mplus 5.2 所绘制的模型运算结果图。

型包括相同变量的模型 5 为代表，与模型 6 进行模型标准化路径系数
比较的情况见表 7 - 5。

表 7 - 5　　　　　　　　　型标准化路径系数比较

影响路径	模型 5	模型 6
1. 慈善捐款态度影响利他主义倾向	0.588	0.587
2. 慈善捐款主观规范影响利他主义倾向	0.333	0.343
3. 利他主义倾向影响慈善捐款行为	0.509	0.478
4. 慈善价值观影响慈善捐款行为	- 0.131	- 0.220
5. 人情随礼态度影响慈善捐款行为	- 0.210	- 0.274
6. 慈善信任影响慈善捐款行为	0.181	0.192
7. 政策措施影响慈善捐款行为	0.078	0.182
8. 政策措施影响居民慈善信任		0.431
9. 慈善价值观影响慈善捐款态度		0.851

资料来源：本表数据为笔者根据第六章第二节图 6 - 3 和第七章第二节图 7 - 1 中各变
量间路径系数整理所得。

由表 7 - 5 可知，模型 6 与模型 5 相比：由于慈善捐款态度和慈善
捐款主观规范对利他主义倾向的直接影响系数分别有一定的变化，而
利他主义倾向对慈善捐款行为的影响系数也发生了变化，因此，慈善

捐款态度和慈善捐款主观规范对捐款行为的影响系数分别由 0.299、
0.169 下降到 0.281、0.164，且利他主义倾向对捐款行为的影响系数
也从 0.509 降低到 0.478，也就是说，"利他—计划行为模型"变量
对慈善捐款行为的影响系数均有所降低，但是这种变化是微小的；除
此之外的其他各个因素对居民捐款行为的影响系数都有所提高，如慈
善价值观和政策措施两个因素对慈善捐款行为的影响系数都提高得特
别大，其绝对值系数分别由 0.131 提高到 0.220、由 0.078 提高到
0.182。可以说，从模型 5 到模型 6 的路径系数的变化，恰好用数据
验证了笔者将"利他—计划行为模型"变量和其他因素纳入统一模型
来共同探讨捐款行为影响因素是可行的，它既提高了"利他—计划行
为模型"变量的解释力，又巩固了各个因素在慈善捐款行为影响因素
中的影响地位。

　　同时，将模型 6 与模型 5 进行比较后发现，模型 6 为最佳模型，
因此，笔者将其确定为最终研究模型，用以揭示各个因素如何影响中
国城市居民的慈善捐款行为问题。

　　接下来，为了进一步研究模型中各个潜在变量之间的关系，笔者考察
了模型 6 中各个潜变量之间的直接效应、间接效应和总效应，以详细阐述
各因素对慈善捐款行为的影响大小问题，具体情况见表 7-6。

表 7-6　模型中各潜在变量之间的直接效应、间接效应以及总效应（标准化后）

各变量		利他主义倾向	慈善捐款态度	慈善捐款主观规范	慈善价值观	人情随礼态度	慈善信任	政策措施
捐款行为	直接效应	0.478	—	—	-0.22	-0.274	0.192	0.182
	间接效应	—	0.281	0.164	0.239	—	—	0.083
	总效应	0.478	0.281	0.164	0.019	-0.274	0.192	0.264
利他主义倾向	直接效应		0.587	0.343				
	间接效应		—	—				
	总效应		0.587	0.343				
慈善信任	直接效应							0.431
	间接效应							—
	总效应							0.431

资料来源：本表数据为笔者根据第七章图 7-1 中各变量间路径系数整理计算所得。

　　由表 7 – 6 可知，在由慈善捐款态度、慈善捐款主观规范、利他
主义倾向等组成的"利他—计划行为模型"变量中，利他主义倾向对
慈善捐款行为的总效应最大，为 0.478，这不但说明了前者对后者的
影响程度大，而且也充分验证了"用利他主义倾向来预测利他行为"
的可行性；而在影响利他主义倾向的两个决定性因素中，慈善捐款态
度对利他主义倾向的影响效应要大于捐款主观规范对利他主义倾向的
影响，其影响系数分别为 0.587 和 0.343，也就是说，是否要去捐款，
个人态度更为重要。

　　由表 7 – 6 可知，慈善捐款态度对慈善捐款行为存在正向影响，
其影响总效应系数为 0.281（这与第四章第一节中回归分析的影响系
数方向相一致）。可以说，这种影响效应是比较大的。

　　与第四章第二节用回归方法分析"慈善捐款主观规范对慈善捐款
行为存在正向影响"（其标准化回归系数为 0.160）相类似，由表 7 –
6 可知，慈善捐款主观规范对慈善捐款行为存在正向影响，其影响总
效应系数为 0.164。

　　与第五章第一节中着重分析"慈善价值观对慈善捐款行为存在负
向直接效应"（其影响系数为 – 0.123）的研究结果相类似，由表 7 –
6 可知，慈善价值观对慈善捐款行为存在负向直接影响，其影响系数
为 – 0.220；但是，慈善价值观对慈善捐款态度存在正向影响，而且
影响系数是所有路径系数中最高的，为 0.851，也就是说，慈善价值
观的改变会同时改变居民的慈善捐款态度，而且二者的变化方向相
同。更进一步地说，慈善价值观会通过影响慈善捐款态度来影响居民
的利他主义倾向，进而对其捐款行为存在正向间接影响，影响系数为
0.239。总的来说，慈善价值观对慈善捐款行为的影响总效应（直接
效应与间接效应的总和）为 0.019。虽然这种影响效应比较小，但
是，它仍然说明了居民慈善价值观对其慈善捐款行为存在一定的正向
总效应。因此，笔者认为，可以通过利用慈善价值观来改变某些不愿
捐款者的慈善捐款态度，从而促使更多人捐款。

　　与第五章第二节中着重分析"人情随礼态度对慈善捐款行为存在
负向影响效应"（其影响系数为 – 0.155）的研究结果相类似，由

表 7-6 可知，人情随礼态度对慈善捐款行为存在负向影响，其影响总效应系数为 -0.274，这一影响系数是直接影响捐款行为的各大因素中较大的影响系数，这足以说明人情随礼态度在影响居民做慈善捐款中起着重要作用。同时，本研究发现，这种影响是负向的，也就是说，受访者越"看重"人情随礼，则慈善捐款越少。

与第六章第一节中分析"慈善信任对慈善捐款行为存在正向影响效应"（其影响系数为 0.156）的研究结果相类似，由表 7-6 可知，慈善信任因素对慈善捐款行为存在正向影响，其影响总效应系数为 0.192，这说明：居民慈善信任度越高，则其慈善捐款的可能性越大；同时，这也告诉我们，虽然当前发生了有关慈善组织公信力遭到质疑等种种不利于提高公众慈善信任度的事件，但仍未从根本上动摇广大居民的慈善信任水平，不过，相关组织和机构仍应采取相应措施来改变"目前慈善组织公信力遭质疑以及慈善制度信任度低等居民慈善信任度相对较低"的现状。

与第六章第二节中着重分析"政策措施因素对慈善捐款行为存在正向影响效应"（其影响系数为 0.078）的研究结果相类似，由表 7-6 可知，此因素对慈善捐款行为存在正向影响，其影响总效应系数为 0.264，此影响系数是较大的。这说明：当前有关鼓励居民慈善捐款的政策措施已发挥积极作用，因此，应该继续坚持现有政策并对其进行完善。

同时，除了上述各大因素对慈善捐款行为的直接影响外，由表 7-6 还可以发现，政策措施因素竟然对居民慈善信任因素还存在正向影响，其总效应达 0.431，而政策措施因素中本身包含"如果有严格的监控措施来保证你的捐款得到合理使用，会促使你捐款"一题，因此，笔者推测：通过加强对善款的严格监控可以提高居民对慈善组织的信任度。

上述影响系数在揭示各个因素对慈善捐款行为影响效应以及各个变量间关系的同时，充分验证了笔者在第二章提出的研究假设，即九个研究假设都得到了验证，具体结果见表 7-7。

表 7 – 7　　　　　　　　　　**模型 6 假设检验结果**

研究假设	验证方式	模型 6（总效应）	验证结果
1. 慈善捐款态度正向影响慈善捐款行为	>0	0.281	支持
2. 慈善捐款主观规范正向影响慈善捐款行为	>0	0.164	支持
3. 利他主义倾向正向影响慈善捐款行为	>0	0.478	支持
4. 慈善价值观正向影响慈善捐款行为	>0	0.019	支持
5. 人情随礼态度负向影响慈善捐款行为	<0	- 0.274	支持
6. 慈善信任正向影响慈善捐款行为	>0	0.192	支持
7. 政策措施正向影响慈善捐款行为	>0	0.264	支持
8. 政策措施正向影响居民慈善信任	>0	0.431	支持
9. 慈善价值观正向影响慈善捐款态度	>0	0.851	支持

资料来源：本表数据为笔者根据第七章图 7 – 1 中各变量间路径系数整理所得。

第三节　综合模型分析的基本结论

通过先后比较 6 个模型，笔者发现：在模型拟合度方面，除 AIC、BIC、调整 BIC 指标外，其他比较成熟的模型拟合度指标都说明，复杂模型拟合更好，即模型 6。具体而言，在各个模型的路径系数方面，当把模型 1—5 进行比较时，若逐个加入不同的影响因素并构建起多个模型用以探讨慈善捐款行为的不同影响因素时，复杂模型更能揭示各影响因素的大小，而且更能凸显不同影响因素对慈善捐款行为的各自影响效应；且当把模型 6 与模型 5 进行比较时，模型 6 为最佳模型。

同时，表 7 – 6 表明：对慈善捐款行为存在正向直接影响的因素从大到小依次是利他主义倾向（影响系数为 0.478）、慈善信任（影响系数为 0.192）、政策措施（影响系数为 0.182），而对其具有负向直接影响的因素依次是人情随礼态度（影响系数为 - 0.274）和慈善价值观（影响系数为 - 0.220）；但对慈善捐款行为的总效应从大到小依次是利他主义倾向（影响系数为 0.478）、慈善捐款态度（影响系数为 0.281）、政策措施（影响系数为 0.264）、慈善信任（影响系数

为 0. 192)、慈善捐款主观规范（影响系数为 0. 164)、慈善价值观
（影响系数为 0. 019)，而人情随礼态度对慈善捐款行为存在负向影
响，其影响系数为 - 0. 274。由于后一种比较方法不仅考虑各因素间
的直接影响效应，还考虑了其间接效应，并把慈善捐款态度和慈善捐
款主观规范也纳入其中，因此，笔者采用后一种比较法所得出的研究
结论。

第八章

促进居民慈善捐款行为的激励策略

从前文第三章的研究可知，目前中国城市居民慈善捐款少且未形成日常性慈善行为，而且收入越多的人，其慈善热情反而未被激发出来，这推动我们应尽可能采取措施来促进广大居民参与到慈善捐款中来，但前提是我们应该了解当前中国城市居民的慈善认知状况、捐款行为的主要特点以及哪些因素会影响捐款行为。通过调查和分析，笔者初步找到了这些问题的答案。

本研究发现，当前广大居民的慈善认知状况仍处于由传统向现代的过渡阶段，因此亟须采取一定措施来进一步提高广大居民的慈善认知水平；同时，尽管不同性别及信仰群体的慈善捐款行为并无显著差异，但不同年龄、文化程度、婚姻状况、收入、职业及政治面貌等群体的慈善捐款行为存在显著差异，而且城市居民慈善捐款行为的纯粹利他主义倾向最强；再者，由第七章可知，对慈善捐款行为存在正向影响的因素从大到小依次是利他主义倾向、慈善捐款态度、政策措施、慈善信任、慈善捐款主观规范、慈善价值观，人情随礼态度对慈善捐款行为存在负向影响。因此，可以从以下几个方面有针对性地提出居民慈善捐款行为的激励策略。

第一节 加强慈善宣传，塑造现代慈善观

一 加强慈善认知教育以强化居民慈善意识

慈善事业的长远健康发展首先依赖于从根本上培养广大居民具有

现代慈善意识。笔者认为，当前居民慈善捐款认知仍处于由传统向现代过渡的阶段，因此，要着重加强以下几方面的慈善认知教育，以提高居民的现代慈善意识。

第一，宣传以平等、互助、博爱为基础的捐赠观念。在捐款客体认知方面，除分别有66.9%和35.8%的受访者认为把钱给陌生人和慈善组织是慈善外，仍分别有50.7%和56.2%的受访者认为把钱给有困难的亲人、有困难的朋友或关系比较好的同事才是慈善，即存在"熟人慈善"意识，而这种传统慈善意识并不利于现代慈善事业的发展。因此，应该在社会进步过程中逐渐予以改良，培养社会公众先进的慈善观念或意识。现代慈善意识具有"博爱""平等""互助""共享"的特点，尤其强调"博爱"和"平等"并以其为基础，因为只有真正的"博爱"才能实现财富的"共享"，只有捐赠人和受赠人的人格"平等"才有"互助"的长久。所以，应该在全体公民中普遍树立"个人财富通过合法途径来自社会，也应该通过相应途径反馈给社会"的现代观念，使每一个公民都能够把慈善捐赠作为自己的责任，并懂得这种社会责任不是分外的德行，而是个体自我修养的义务，是现代公民在公共社会生活中主体地位的体现。

第二，继续宣传慈善捐款的作用以及做慈善的意义，激发更多居民的慈善捐款热情。对于求助者而言，慈善捐款有利于帮助求助者解决难题，从使其而走出困境。而当一个个求助者走出困境时，一方面可以缓解贫富悬殊造成的社会矛盾，从而利于社会稳定；另一方面，走出困境的求助者又可以成为新的社会生产力，也可能成为新的慈善捐款者，从而形成良性循环。对于广大普通居民而言，慈善捐款有助于培养公民的公共精神。除此之外，居民慈善捐款还有助于慈善组织持续、健康发展。但是，慈善捐赠作为"第三次收入分配"的重要手段，其在"缓解收入差距、构建和谐社会的有力武器"方面的作用是否被广大居民所认识到了呢？在本研究中，半数的受访者都不赞同慈善捐款有"缩小贫富差距，促进社会公平"的作用。因此，在宣传慈善捐款作用时，对于广大居民的认知盲点应该着重加以引导。

第三，培育全民慈善优于富人慈善的现代慈善理念。全民公益，是人人参与的公益，不管是个人还是集体，人们通过各种公益活动、公益基金、公益网站等途径，通过直接参与、捐赠、公益广告、公益歌曲等方式参与到公益中。国内社会曾经流行过"慈善是富人的专利"的说法。很多人永远盯着富人，看不到自己的力量，这其实是戴着"有色眼镜"看慈善。关于捐款主体认知方面，既然已有近七成的受访者认识到慈善捐款是每个公民的义务和责任，这说明我们的慈善宣传已经起到一定的效果。因此，还应加大宣传力度，培育更多的居民具有现代慈善理念。现代慈善特别鼓励大众参与，广开参与之门。在现代慈善理念中，一个人之所以行善，不是简单地出于做好事的动机，而是承担对他人的社会责任。公民把慈善当作个人义务，这是一个社会的慈善文化被个人内化的结果，这种内化应是一种柔性过程——从美德到义务，再从义务到本能，它使慈善成为一种平常行为，也只有在此现代慈善理念支撑下的平民慈善才能形成长效机制。

公益是属于全体人民的事业，只有将公益融入人们的日常生活，成为无处不在、人人可为的社会自觉行动，才能彰显其原有的本质，才能让更多的人因接受公益而受助，因参与公益而受益。在全民公益时代，公益是人人参与的公益。著名学者于丹指出，慈善应该成为一种公民习惯。"每个人都有卫生习惯，每天起床要先刷牙；每个人也都有着环保习惯，看到路上有废纸，会顺手捡起来扔进垃圾箱；那么慈善也应该成为一种习惯，它并不应该是在突发情况下才会呈现出来的一种行为，而应该是一种做惯了的、发自内心的常规的反映。当每个人慈善行为在付出的同时也在收获，它让我们感受到了生命的尊严，懂得了感恩。"① 爱心应该从点滴做起，献爱心应该是一件细水长流的事情。

二　塑造居民现代慈善价值观

由城市居民慈善捐款行为影响因素综合模型可知：慈善价值观对

---

①《新优势　责任助推价值回归》（http：//news.163.com/14/0905/03/A5BNTMHL00014Q4P.html）。

慈善捐款行为存在负向直接影响，其影响效应为 −0.220，但是，慈善价值观对慈善捐款行为还存在间接影响，其影响效应为 0.239，总的来说，慈善价值观对慈善捐款行为存在正向影响，其影响总效应为 0.019，只是这种正向影响效应比较小。因此，一定要妥善利用慈善价值观中提到的有关道德、理性算计以及精神信仰等各个层面的观点，否则不利于现代慈善事业的发展。对此，应做到以下几点。

第一，给予别人是一种美德，这种中华民族的传统美德是至今仍被广泛认同的道德规范之一。当你在无助时，有一双温暖的手递给你，快乐一定会在你的心田滋生；而当你伸出援手帮助别人时，快乐也将会在你的身边蔓延。不管本研究中的受访者作答本题时是否受到"社会赞许性"影响（其均值为 5.50，是非常高的），我们都应该继续坚持"乐于给予"的原则，这正是慈善捐款的基本道德初衷。

第二，同情心是人类普遍具有的自然情感，虽然不能左右它，但可以利用相关的宣传材料激发出人们的同情心。慈善理念的基石是最基本的同情心，而我国部分公民对弱者缺乏最基本的同情心是导致慈善事业落后的重要原因之一。所谓最基本的同情心是指人们对他人的疾病痛苦、身体残疾、生活困境甚至生命危机等缺乏应有的关注，体现为对同类的最基本的怜悯。人们缺乏最基本的同情心主要体现在强势群体与弱势群体的相互对立和普通民众之间以及普通民众与弱势群体之间，甚至是弱者之间互相的冷漠等方面。在本研究中，总计有89.2% 的受访者对"出于同情和爱心而对弱者捐款"一题的作答分数为 4 分乃至更高的分数，并且此题所有分数的均值为 5.51 分，这些不但说明受访者有较高的同情心，也证实了同情和爱心这种内在慈善价值观在他们做慈善中有较强的驱动力。但是，这一数字也带给我们善意的提醒，同情心被别人滥用。部分人对人们同情心的滥用主要表现在两方面：一是部分弱者对人们同情心的滥用。如有的弱者故意编造悲惨身世或境遇，或者弄残身体甚至装残乞讨，还有的干脆雇用残疾小孩乞讨或以小孩卖花等方式强行乞讨，这样使人们由对弱者的同情转化为厌恶。二是有些人故意利用人们的同情心达到自己不可告人的目的。如借防艾捞钱的 NGO，以抚养孤儿办慈善组织为名敛财的

"慈善家"等。胡曼莉曾被视为中国民间慈善象征，因其献身孤儿事业的形象，还在中央电视台的公益广告上被称为"中国母亲"。然而，官方审计结果却揭示胡曼莉将捐给孤儿的善款敛聚为私财，置办豪宅、送女儿出国留学，慈善成了她个人牟利的工具。这些滥用同情心的事件都对人们产生了严重的伤害。因此，要充分发挥同情心在居民慈善捐款中的催动作用，还应注意一点——规范慈善事业，防止同情心的滥用，加大对滥用人们同情心的行为的打击力度。

第三，充分利用慈善价值观中居民所认可的那些精华思想来调动广大慈善捐款的积极态度。由第七章第二节可知，慈善价值观对慈善捐款态度存在正向影响效应，且影响系数为 0.851，可以说是非常大的。因此，虽然慈善价值观对居民的慈善捐款行为存在直接负向影响，但我们可以充分利用它来改变某些不愿捐款者的慈善捐款态度，从而促进更多人捐款。

同时，在充分抓住居民既有慈善价值观为现代慈善事业服务的基础上，还应建立现代慈善价值观。在这种现代慈善价值观中，慈善是一种责任，是一种自觉的行为。把慈善看成责任的时候，对慈善行为的考量不在于给予多少，而在于有没有一颗同情和善良之心，或一颗责任心。中国慈善文化常把慈善看作美德，用慈善来反映一个人道德水平的高低，而公众作为道德水平高低的裁判者，通常把捐赠额度作为评价、认可慈善者美德的依据。从道德上来评判慈善行为，容易产生因捐赠额未达到公众预期而对捐赠者进行道德苛责的不正常现象。因此，塑造居民的现代慈善价值观就应多培养其社会责任意识，让他们把做慈善看作自己的一种责任。

三　提高社会慈善组织慈善宣传的针对性

对于社会公益组织来讲，宣传的受众可以是政府、企事业单位、新闻媒体，也可以是普通社会成员、普通百姓。社会公益组织为了达到服务政府、服务社会、服务百姓，解决社会困难的目标，就必须要把握好不同受众的心理。

各类慈善组织日常的慈善宣传内容可以有很多，例如，当登录中华慈善总会网站时，可以看到该网站的网页上包括"捐赠方式、慈善项目、全国慈善机构名录、公益咨询、政策法规及慈善家"等内容，这些都属于慈善宣传内容。那么，各类慈善组织进行日常慈善宣传时，应该宣传什么内容才能更好地打动广大居民，从而吸引他们参与到慈善中呢？社会公益组织必须根据捐赠个人的不同特性，认真分析，分别对待，灵活引导，尽量满足。

慈善组织在组织公益活动时要经常挖掘人物故事，配合媒体宣传，这就有事前挖掘与事后挖掘之分。事前挖掘，一般都是对受助者的故事挖掘。事后挖掘，一般都是在活动推出后产生的，注重对捐赠者的故事挖掘。[1] 在本研究中，受访者对"在日常慈善宣传中，媒体宣传什么内容最能打动你"反映最多的当属"求助者的困难处境"，比例高达59.8%；其次为"好人好事"和"做慈善的意义"，比例分别为19.3%和14.8%。这告诉我们，广大媒体进行慈善宣传时，真实而全面地报道"求助者的困难处境"是首要任务，而且条件允许时应配以合适的视频画面，即适时适地进行事前挖掘。我们需要注意发生在现场的感人事例，特别是普通百姓的朴实而感人的爱心故事，更值得深入挖掘、充分提炼、精细加工，并通过新闻媒体的讲述来感染社会。这种以讲故事为主的宣传活动非常奏效，常常会让爱心人士感到参与公益事业很有成就感，很有意义，让他们认识到通过公益机构实施捐赠行为是可以放心的。但是，需注意：媒体在进行慈善宣传时一定要真实报道求助者的困难处境，不能为了感动观众而夸大事实真相。否则，不但不能感动广大观众，反而会适得其反。

当然，爱心人士中还有一个特殊群体即明星和公众人物，他们参与公益活动或捐款，希望在社会公益事业中做一些实事，其目的是在社会中树立良好的社会公益形象，取得较高的良性曝光率。针对这一群体，社会公益组织在不违反政策的原则下应尽量满足其要求，并充分利用其优势资源为我所用，这样既可以满足他们的预期目标，又可

---

① 韩正贤：《运用宣传手段提升社会公益组织品牌影响力》（http：//www.ntcs.org.cn/art/2013/8/26/art_ 17402_ 1493089. html）。

以充分利用他们的社会影响力来扩大社会公益组织的品牌影响力。

同时，有的受访者还认为：日常的慈善宣传不仅要把视角定位到求助者层面上，还要把镜头"对准"能帮助求助者真正改善境况的"善款"上——善款的透明、有效管理及使用情况。他们认为，只有通过媒体把这些一一展现出来，才能完整呈现一幅幅真正打动人心的画面。

四　拓宽慈善宣传渠道

开展多种形式的慈善宣传及慈善教育，营造浓厚的慈善氛围。慈善宣传方式有很多，哪种渠道最有效呢？在本研究中，分别有33.0%、13.5%、5.6%和4.1%的受访者在回答"哪种渠道获得的慈善信息最有可能让你捐款"一题时选择了电视、网络、报刊、广播等大众媒体途径，虽然"广播"和"报刊"在所有选项中所占比例较少，但"电视"所占比例是最高的，笔者猜测是因为它最及时、形象且真实；同时，在作答"哪个组织的动员最有可能让你捐款"时，19.9%的受访者选择了"媒体"，这恰恰说明了大众媒体在人们日常生活中的力量，因此，借助"电视"这种渠道进行慈善宣传，应该是我们今后慈善宣传及慈善动员的主要方式。既然本研究已经充分证实了广大民众对电视、报刊、广播、网络等在慈善宣传中的作用认可，那么，我们就应该充分利用它们，以广大民众喜闻乐见的方式，大力宣传各类善行善举和正面典型，以及慈善事业在服务困难群众、促进社会文明进步等方面的积极贡献，引导社会公众关心慈善、支持慈善、参与慈善。要着力推动慈善文化进机关、进企业、进学校、进社区、进乡村，弘扬中华民族团结友爱、互助共济的传统美德，为慈善事业发展营造良好社会氛围。

除了上述媒体在慈善宣传中具有重要作用外，还有26.4%的受访者在作答"哪个组织的动员最有可能让你捐款"时认可"慈善机构或慈善组织的现场宣传"这种方式。笔者认为，这既是一种募捐方式，也是慈善机构的一种自我宣传方式，尤其是在当前慈善机构面临信任危机的情况下，通过与公众接触来重塑自身形象尤为重要，而向公众宣传自己的崭新形象则是第一步。

当然，在本研究中，关于"哪种渠道获得的慈善信息最有可能让你捐款"一题，还有17.4%的受访者选择"周围人告诉"这种途径，也就是说，他们更信任周围人，即熟人、自己人。或许我们不能直接"干预"这些人捐款，但是我们可以广泛开展慈善宣传。当更多的人参加到慈善活动中时，这些貌似"只相信自己人"的人也会成为慈善事业的一员。

通过丰富多彩的慈善活动和大众媒体宣传，既可以激发人们的慈爱情怀，感染那些处于游离状态的慈爱之心，又可以形成"压力驱动力"，促使那些不曾参与慈善的人们尝试爱心奉献，如"慈善日"这种方式。在《中华人民共和国慈善事业法》（草案）第一章第七条专门指出：每年4月的第二个星期日为"中华慈善日"①。在福建"晋江慈善日"里，街头四处飘扬着"爱在手心"等宣传标语，残疾人康复中心奠基仪式、万人踩街、文艺晚会等一系列慈善活动，营造出了浓厚的慈善氛围，很多市民就是在这种氛围中开始了自己的慈善行动。因此，应该借助家庭、社区、学校、社会等途径，广泛开展人们喜闻乐见的慈善教育，尤其是要在社会上积极倡导理性财富观——提倡富者取财有道，用财有度；贫者各尽所能，勤劳致富；反对"仇富""藏富""崇富"和"炫富"等世俗的财富观，积极引导人们。

随着现代网络社会的飞速发展，微信、微博等新平台的诞生也为慈善宣传与慈善募捐提供了新的契机。一方面，越来越多的公益慈善组织开通了微信、微博公众号功能，以此来发布相关慈善消息或者作为募捐手段。以郑州为例，2015年8月5日，郑州慈善总会召开新媒体募捐发布会，推出郑州慈善微信公益捐助平台。该平台以网络技术为支撑，打造透明慈善的公益模式，为爱心人士在网上开辟了一条权威可信的救助渠道。据悉，这也是郑州省内首家开通微信线上捐赠功能的公益机构微信平台。郑州慈善总会有关负责人表示，借助新兴媒

① 《中华人民共和国慈善事业法》（草案）（http：//hunancs. mca. gov. cn/article/zcfg/201507/20150700842659. shtml）。

体发展慈善事业，是新形势下郑州慈善总会一直以来努力的方向。也正基于此，郑州慈善微信公益捐助平台应运而生。据介绍，目前共有9个不同领域的公益项目在郑州慈善总会微信平台上发起了公益募捐。市民可加关注郑州慈善总会官方微信账号"zzcszh"，关注后，点开右下角"爱心捐赠"，就可以看到"困难老人的假日儿女""爱心为生命续航"等各个公益项目。如果您想对哪个项目捐赠，先点开此项目链接，后点击最下方的"我要捐款"，只要微信绑定银行卡，只需几秒钟，就可以为该项目捐款。值得一提的是，该微信公益平台将向郑州地区的社会团体组织免费开放，社会团体组织可以发起各类救助项目，实现网络筹款、项目发布等功能。平台工作人员将对发起项目进行严格调查核实，对项目的真实性、合理性及执行团队的资质等进行审核确认后才可上线进行募捐。个人用户可通过平台选择自己喜欢的公益项目，自主选择捐款金额，进行捐款。每个项目都接受社会监督，所得捐款在网页上时时更新，平台所得善款全部进入郑州慈善总会唯一指定账户。[1]

另一方面，越来越多的个人可以方便地借助微信、微博等平台来实施慈善活动。它既可以通过"朋友圈"在短时间内把慈善信息传播出去，又可以借助"朋友圈"募捐，一定程度上颠覆了很多人对捐赠的理解，也为更多人提供了奉献爱心的新渠道。借助这个新渠道，你的捐赠额可以是几十元、几百元、几千元，也可以是几角乃至几分钱，重要的是你有一颗善心。

五　加强慈善文化建设

继承和发扬中国优秀传统慈善文化，吸收国际先进的慈善理念和管理方式，不断丰富与社会主义核心价值体系相统一，与人道主义精神、现代财富观、社会责任感等相融合的现代慈善文化。将慈善文化建设纳入社会主义精神文明建设，大力弘扬扶贫济困、诚信友爱、互

---

① 《郑州慈善开通我省首个微信公益捐助平台》（http://news.163.com/15/0806/01/B0A2SOLN00014AED.html）。

相帮助、奉献社会的良好风尚。为此，可以从以下几方面进行努力：第一，通过报刊、广播、电视、网络，大力宣传慈善知识和慈善人物的先进事迹，积极推动现代慈善理念和慈善文化进机关、进企业、进学校、进社区，对制作、播出、刊登慈善广告、慈善捐赠公告的行为给予鼓励，并依据国家政策减免相关费用。第二，以学校、社区为主要载体，将慈善文化融入课堂，挂入社区宣传栏，开展形式多样的慈善教育宣传活动。第三，加强慈善学科建设，制订慈善教育计划，指导学校在德育课程中培育慈善意识，弘扬慈善行为，并将其纳入学生素质评估中。推动慈善事业发展列入文明城市、文明单位、文明行业评比的指标体系，大力开展形式多样的慈善活动。第四，继续完善和实施"中华慈善奖"的评选表彰，对做出突出贡献的组织和个人给予嘉奖和弘扬，发挥先进典型的示范作用。第五，筹建中华慈善博物馆，发挥其展示、宣传慈善文化的作用。第六，积极推动慈善周、慈善日等多种形式的慈善宣传活动，营造全民参与慈善的良好氛围。

第二节 推行灵活多样的慈善捐款动员方式

一 充分发挥单位、社区在慈善动员中的功能

慈善资源是保障慈善组织运作的各类物质与非物质资源的总和，是慈善公益组织生存发展的首要因素和关键因素，如何有效动员与配置社会慈善资源、吸引社会力量的参与是个重要问题。中国现阶段慈善事业的总体发展水平不高，动员资源的能力有限。在这种情形下，慈善捐赠动员就不得不依赖于政府长时间积累起来的体制力量。我们经常会看到，每逢大灾大难，都会有相关政府部门进行大张旗鼓地宣传发动，动员各单位、各社区组织捐款捐物。此外，一些有影响的慈善组织也利用了潜在的政府资本进行半社会化动员。目前，中国的慈善捐赠动员机制有体制化动员和半体制化动员，我国的体制化捐赠有着悠久的发展历史，在我国人均捐赠数额较低的情况下，每次遇到大

的自然灾害等，很主要的捐赠渠道就是单位和部门积极组织的集体捐赠。后者主要是指在改革开放后政府放权、社会力量日渐活跃的情况下，借用政府资源、结合社会方式进行动员。

在本研究中，当询问"哪个组织的动员最有可能让你捐款"时，449个（约占42.3%）受访者都选择了"工作单位"，同时，分别有19.9%、14.2%和12.7%的受访者分别选择"媒体""慈善组织或慈善机构""社区"，只有10.9%的受访者认为"谁动员都没有用"——不管谁动员都不会促使他们捐款。中国人的慈善捐款常常带有"言行不一"的特点——一方面，他们嘴里说"不喜欢单位出面动员自己捐款"，但每次单位组织类似活动，他们必然会献出自己的爱心；另一方面，本研究所构建的"中国城市居民慈善捐款行为影响因素综合模型（见模型6）"中慈善捐款主观规范对利他主义倾向存在正向显著影响，影响系数为0.343，而且慈善捐款主观规范对捐款行为存在的间接影响效应为0.164。这一切都充分说明了当前半体制化动员方式在中国慈善捐款动员方式中的重要地位。所以，在以后的慈善动员中，针对中国人的慈善特点，我们还是不能抛开单位式的动员方式，尤其是在发生大灾难后，党政机关和事业单位要广泛动员干部、职工积极参与各类慈善活动，工会、共青团、妇联等人民团体要充分发挥密切联系群众的优势，动员社会公众为慈善事业捐赠资金、物资和提供志愿服务等。例如，2008年汶川地震后，无数中国人都是通过所在工作单位把善款送到了慈善组织或者受灾者手中。

但是，通过单位捐款这种半体制化的动员方式在实行中常常存在无法忽视的弊端，而最通常的表现形式就是"必须跟着别人的步伐走"。正如"汶川地震抗震救灾活动中，您周围人有没有下列行为"一题的调查发现：有100位（71.9%）调查对象表示其周围人有讨论某个名人为地震灾区的捐赠情况，有62位（44.9%）调查对象认为其周围的人有讨论身边某个人的捐款数额的行为，有56人（40.6%）认为其周围人有询问或观察领导、上级捐了多少钱的行为，有53人（38.1%）表示其周围人有询问或观察与自己身份、地位相当的人的捐款数额的行为，另有58人（41.4%）表示周围人与大家共同商议确定捐款数额的行为。① 久而久之，这种"必须跟着别人的步伐走"的想法便潜移默化地成了一种规则，从而限制了人们的捐款行为。

因此，在今后的慈善捐款动员中，还应注意以下两点。

一方面，不能简单采用行政命令式动员，在方式方法上敢于探索，善于创新，变过去"以权压人"为"以理服人""以情动人"。中华民族历来就有扶危济困的优良传统，只是由于社会转型期心态的浮躁、观念的剧变以及社会道德的滑坡，特别是对慈善机构的不信任使许多人在慈善捐赠问题上处于一种犹豫、观望状态。因此，各级各类慈善组织应当构建媒体宣传网络，唤起公众的公共意识与慈善意识，把蕴藏在公众中间的慈善美德和社会责任感充分激发出来，培养慈善捐赠的"拥护群"。例如，每当单位组织慈善捐款时，是否可以避免采用"光荣榜"形式公开捐款数额，以避免给周围人带来心里压力？

另一方面，慈善捐款动员时要克服公众"愿为而不为""想为而不能为"的情况。这与动员机构的公信力和动员的具体方式有关。《中华人民共和国公益事业捐赠法》第一章第四条指出："捐赠应当是自愿和无偿的，禁止强行摊派或者变相摊派，不得以捐赠为名从事营利活动。"② 在现阶段的中国，腐败现象的存在会让人对善款去向产生一定怀疑，而一些慈善组织对善款的滥用又会加剧人们对捐款的消极反应。为此，在慈善捐款社会化动员的构建和完善过程中，必须塑造慈善组织的良好形象，培植其公信力，建立捐款接收机构与公众的沟通渠道和灾情困难回应模式，并以更加透明和公开化的操作，取得民众信任与支持。

二　因人制宜地实施捐款动员

根据第三章第二节的分析可知，不同年龄、不同文化程度、不同婚姻状况、不同收入、不同职业以及不同政治面貌等群体的慈善捐款

---

① 陆岩：《普通公众捐赠行为特征分析》，硕士学位论文，兰州大学，2009 年。

② 《中华人民共和国公益事业捐赠法》（http：//www. gov. cn/ziliao/flfg/2005 – 10/01/content_ 74087. htm）。

行为存在显著差异，因此，应根据不同人群的慈善捐款行为特点进行慈善募捐，具体而言：

第一，通过单位或社区着重对"36—50岁"人群和"61岁以上"人群进行慈善募捐动员。在本研究中，"36—50岁"人群和"61岁以上"人群的年平均慈善捐款额较高，因此，在对不同年龄段人群进行慈善捐款动员时，可着重动员这两个年龄段人群：一方面，"36—50岁"人群一般正值壮年，且在单位中位于中高层职位，也就是说，他们有能力做慈善；另一方面，"61岁以上"人群一般都是已退休的人，且通常以社区为活动中心，因此可通过社区对其进行慈善动员。

第二，鼓励高收入群体慈善捐款。在本研究中，单从绝对捐款额看，除"1001—2000元"收入群体外，从"1000元以下"到"5001元以上"收入群体的年平均慈善捐款额呈现逐渐增多趋势，即收入越高，其年平均慈善捐款额越多；而从相对慈善捐款额看，收入越多的人，他们的"捐款收入比"反而越低，也就是说，他们反而越"吝啬"，尤其是"3001—5000元"和"5001元以上"群体的"捐款收入比"的平均值仅为0.869%和0.876%，即他们分别仅将年收入的0.869%和0.876%用于慈善捐款。因此，要提高居民经济收入水平，并鼓励相对较高收入群体做慈善。对此，各地区应该大力发展经济，拉动人均GDP和城市居民家庭人均收入增长，强化个体慈善行为，提高本地区的慈善指数。同时，在强化不同收入群体慈善捐款行为的同时，特别要采取鼓励措施强化高收入群体的慈善捐款行为。如举办一系列慈善活动、授予高捐献额的个体以社会荣誉称号，并将之作为个案予以典型宣传，等等。

第三，通过社区、单位等机构进行慈善宣传、动员时，可着重加强对已婚者进行慈善动员。笔者分析受访者在2011年的平均捐款额发现：已婚群体的年平均捐款额为251.6763元，而未婚群体的年平均额为432.8302元，从捐款数额看，两者相差较大。经过对已婚者样本和未婚者样本进行独立样本t检验可知，两群体的均值存在统计意义下的显著性差异，即已婚群体和未婚群体的慈善捐款行为确实不同。因此，可加强对已婚者的慈善捐款动员。

第四，要充分发挥党员的模范带头作用。在本研究所提到的不同政治面貌群体中，"党员"群体的年平均慈善捐款额最多，为476.4812元。这充分说明：在中国，党员群体在慈善捐款中也发挥着重要作用。同时，在不同职业群体中，"军人、武警等军队人员"和"党政机关或事业单位普通干部、普通技术人员"，其年平均慈善捐款额也较高，分别为511.3889元和430.8072元，而他们当中的党员比例甚高。这些都说明，要重视并充分发挥党员的先锋模范作用。

第三节 物质激励和精神激励"双管齐下"

慈善捐款行为在道德评价体系中被视为高尚的、值得称颂的行为。但人是复杂的，其捐赠的动机是多种多样的，现实生活中的捐赠并不都是无私、无偿的友爱捐赠，正如第四章第三节中关于"居民慈善捐款时所持有的利他倾向"的探讨结果发现：居民慈善捐款行为的纯粹利他倾向最强，互惠利他倾向次之。尤其是在现阶段的中国社会，要求所有的捐赠者都具有崇高的社会责任感和公而忘私的精神，是不现实的。事实上，许多捐赠带有一定的利益需求，这种利益需求既有物质上的，也有精神上的。实践证明：正确地利用利益驱动机制，能够推动捐赠事业的发展。由于慈善事业是一项特殊的事业，除了前面提到的给予一定的税收优惠外，对捐赠者直接给予优厚的物质奖励不算是一种好手段，但是可以通过精神的褒奖从道德上肯定它。不管物质激励还是精神激励，在一定程度上都是对捐赠者的肯定，会促进更多人愿意加入到慈善队伍中。当然，也可以通过其他途径使捐赠者通过捐赠获得一定的收益。

一 完善以税收优惠为主的慈善捐款物质激励机制

由第七章第二节可知，政策措施因素对慈善捐款行为存在正向影响，且影响总效应系数为0.264，而且政策措施因素还对居民慈善信任存在正向影响，其影响效应系数为0.431，这些都说明鼓励慈善捐款的政策措施已发挥了一定作用。而现有鼓励居民慈善捐款的政策措施有很多，其中物质激励中的税收减免政策是目前常用的直接捐赠激励机制。《中华人民共和国公益事业捐赠法》第四章就具体阐述了优惠措施的相关规定，尤其第二十五条指出①：自然人和个体工商户依照本法的规定捐赠财产用于公益事业，依照法律、行政法规的规定享受个人所得税方面的优惠。《国务院关于促进慈善事业健康发展的指导意见》（国发〔2014〕61 号）提到要落实和完善减免税收政策。落实企业和个人公益性捐赠所得税税前扣除政策，企业发生的公益性捐赠支出，在年度利润总额12%以内的部分，准予在计算应纳税所得额时扣除；个人公益性捐赠额未超过纳税义务人申报的应纳税所得额30%的部分，可以从其应纳税所得额中扣除。②

要充分发挥现有税收减免政策的物质激励作用，首先就应加大慈善捐款税收优惠政策宣传力度，让更多居民在短期内了解更多政策信息。在本研究中，仅有 14.4% 的受访者"知道"捐款可以享受个人所得税减免，85.6% 的受访者"不知道"捐款可以享受个人所得税减免，并且仅有 35 个受访者"知道"如何办理税收减免手续。因此，要充分发挥税收优惠政策在慈善捐款中的激励效用，首先就应该加大税收优惠政策方面的宣传，让人人都知道它，从而让广大居民能在它的推动下多做一点慈善，毕竟还有 9.0% 的受访者希望能在捐款后得到"捐款发票"。

上述调查数据从侧面反映了当前慈善捐款相关税收优惠政策的不足，从而说明完善相关政策的必要性。一方面，要实行普惠制，改变现行的只有向特定少数几个慈善组织捐赠才能享受到税收优惠的限制性规定，实行凡是向慈善组织捐赠都可以享受税收优惠的政策，并且让慈善组织向捐赠者主动出具相关发票以用于报销，这样就会从总体上增加民间捐赠的数额；另一方面，要改进目前的免税程序，建立起

---

① 《中华人民共和国公益事业捐赠法》（http：//www. gov. cn/ziliao/flfg/2005 – 10/01/content_ 74087. htm）。

② 《国务院关于促进慈善事业健康发展的指导意见》（http：//hunancs. mca. gov. cn/article/zcfg/201507/20150700844207. shtml）。

方便、快捷、易于操作的免税程序，确实让广大的捐赠者能享受到免税的好处；再者，开征遗产税、赠与税，提高奢侈消费品的税幅，促使富翁们把一部分资金投入社会公益事业，从而承担起更多的社会责任。

二　重视精神激励

由第七章第二节可知，利他主义倾向是影响慈善捐款行为的最大因素，其影响系数达到 0.478；由第四章第三节可知，居民慈善捐款行为的纯粹利他倾向最强，互惠利他倾向次之，亲缘利他倾向最弱。而"纯粹利他"即利他者实施利他行为时不追求任何"回报"，只注重个人精神满足，这也就意味着用"精神激励"来刺激广大居民的慈善捐款行为是可以发挥作用的。

通常而言，对于纯粹利他倾向较强的捐款者来说，捐款的根本目的并不是为了经济回报。他们捐款是由于热爱慈善事业，尽自己的一份社会责任。因此，仅仅物质方面的激励是远远不够的，必要的精神奖励对于捐款者来讲是非常必要的。

《中华人民共和国公益事业捐赠法》第一章第八条指出："国家鼓励自然人、法人或者其他组织对公益事业进行捐赠。对公益事业捐赠有突出贡献的自然人、法人或者其他组织，由人民政府或者有关部门予以表彰。对捐赠人进行公开表彰，应当事先征求捐赠人的意见。"[1]因此，慈善组织可以在法律允许的范围内，在不影响自己声誉的情况下，充分地利用褒奖和利益补偿来促进慈善捐赠事业的发展。褒奖和利益补偿的形式是多种多样的，例如，对于捐赠行为进行表彰和宣传，聘请捐赠人担任慈善组织的名誉性职务；评选全国及各地区的慈善家，让他们享有较高的社会地位；利用慈善组织自身的品牌优势，与有关单位合作项目，捐赠人从中获取收益；对捐款额度较大的项目予以署名立传；允许以个人、家族名义冠名，授予"荣誉市民""慈

---

[1]　《中华人民共和国公益事业捐赠法》（http：//www.gov.cn/ziliao/flfg/2005 - 10/01/content_ 74087. htm）。

善大使"等称号；对有突出贡献的个人和组织予以表彰等。那么，广大居民更倾向于哪些精神激励方式呢？在本研究中，在"如果捐款了，你最希望得到以下哪个东西？（单选）"一题中，3.2%的受访者选择"捐款较多被授予荣誉市民称号"，11.2%的受访者选择"受助者向我表示感谢"，另有1.2%的受访者选择"冠名"，也就是说，总计有15.6%的受访者希望得到精神奖励。

为了充分发挥精神激励的作用，还应该标榜居民的慈善捐款行为，树立慈善榜样。榜样的力量是无穷的，慈善同样需要榜样。慈善组织等相关机构可以在一定范围内树立慈善榜样，大力宣传好人好事，号召广大居民学习榜样"乐于奉献，乐善好施"的崇高品德，借助榜样的力量带动更多的爱心汇聚，不断推动慈善等社会公益事业发展。当然，慈善不单单靠这些榜样，它需要每一个公民来推动，哪怕是捐一元钱、做一个小时的义工，或给老人让一次座。正所谓：众人拾柴火焰高，举手之劳皆公益。

当然，还有63.6%的受访者选择"什么也不需要"——他们既不需要物质奖励也不需要精神奖励。也就是说，他们做慈善并不计较任何回报。

第四节　提高居民慈善信任度

由于慈善事业是一项道德要求很高的事业，在公众眼里，慈善必须纯洁，行善必须干净。但是，由于"资金来源、钱用在何处等关键问题"不公开、不透明，以及一系列善款腐败案件的发生，导致广大居民对慈善信任度不高。可以说，中国慈善事业遭遇空前慈善信任危机。正如南都公益基金理事长徐永光用"五个看不见"来描述慈善的不透明：捐款人看不见，灾区群众看不见，灾区政府看不见，灾区慈善组织看不见，捐赠落实看不见。因此，提高公信力和透明度对于慈善事业来讲非常重要。正如国务院法制办处长朱卫国说："非政府组织没有权力也没有钱，靠的是公信力。公信力是慈善组织最宝贵的软实力，同时也是最脆弱的'软组织'。"①

一　加强慈善组织公信力建设

人们通过慈善组织参与慈善事业，是对慈善事业和慈善组织的信任。没有公信力，慈善事业不可能持续发展，可以说，社会公信力是慈善机构和慈善事业的生命。公信力是指社会对一个组织的认可及信任程度，是为其使命而进行报告、解释、辩护和接受质询的责任，是社会公共生活中一个组织面对时间差序、公众交往以及利益交换所表现的一种对公平、正义、效率、人道、民主、责任的信任力。②

目前，部分慈善组织"见利忘义"、丑闻频发，如希望工程假信、青基会滥用善款等，其公信力遭到质疑，极大地挫伤了公众慈善捐赠的热情。慈善组织的公信力直接关系着慈善组织能否得到公众的捐赠，并影响民众捐赠的信心和热情，慈善组织公信力不足主要表现为：一方面，慈善组织自身定位不明确。有些慈善组织打着非营利的幌子干着营利的事，导致公信力下降。另一方面，公益腐败事件不断出现。由于内外监督机制的缺位，慈善组织出现了贪污腐败现象，严重损害了慈善组织的公信力。再者，慈善信息不公开。由于慈善组织运作的不公开、不规范，捐赠人无法通过合适渠道了解所捐资金的使用情况，无形中也影响了人们对它的信任。

在本研究中，近一半的受访者对"现在虽然出现了一些有关慈善组织的负面事件（如'郭美美事件'），但你仍相信大部分慈善机构能尽职尽责"一题的作答分数在"1—3分"，且此题所有分数的均值仅为3.62分，这一切都证实：当前公众对慈善组织的信任度较低。因此，提高慈善组织公信力已迫在眉睫。对此，主要应做到以下几点。

其一，开展慈善公开日（周），加强慈善组织信息公开。在本研

---

① 《中国慈善事业遭遇空前信任危机》，《人民日报》2011年11月10日。

② 郝如一：《红十字运动与慈善文化》，广西师范大学出版社2010年版，第36页。

究中，有 11.8% 的受访者选择"开展慈善公开日（周）"这种方式来对自己所捐善款进行监督。增强慈善捐赠信息的透明度有助于提高公益慈善组织的社会公信力，而开展慈善公开日（周）以加强信息公开则是必要手段。早在 2011 年 12 月 16 日，民政部就发布《公益慈善捐助信息公开指引》以助力增强慈善透明度，它曾规定信息公开的内容应包括信息公开主体基本信息、募捐活动信息、接受捐赠信息、捐赠款物使用信息、接受捐赠机构财务信息及必要的日常动态信息等。各省市慈善总会等慈善机构纷纷响应，有的省市慈善总会实行慈善开放日，如青岛市慈善总会；有的慈善总会则实行慈善公开周，如潍坊市慈善总会。其实，信息公开主要是为了接受社会监督，因为社会监督是慈善组织最好的保护绳，公益慈善组织一定要公开透明，接受公众监督，以高透明度赢得公众的信任。

《国务院关于促进慈善事业健康发展的指导意见》（国发〔2014〕61 号）从三方面强调要强化慈善组织信息公开责任。第一，在公开内容方面，慈善组织应向社会公开组织章程、组织机构代码、登记证书号码、负责人信息、年度工作报告、经审计的财务会计报告和开展募捐、接受捐赠、捐赠款物使用、慈善项目实施、资产保值增值等情况以及依法应当公开的其他信息。信息公开应当真实、准确、完整、及时，不得有虚假记载、误导性陈述或者重大遗漏。对于涉及国家安全、个人隐私等依法不予公开的信息和捐赠人或受益人与慈善组织协议约定不得公开的信息，不得公开。慈善组织不予公开的信息，应当接受政府有关部门的监督检查。第二，在公开时限方面，慈善组织应及时公开款物募集情况，募捐周期大于 6 个月的，应当每 3 个月向社会公开一次，募捐活动结束后 3 个月内应全面公开；应及时公开慈善项目运作、受赠款物的使用情况，项目运行周期大于 6 个月的，应当每 3 个月向社会公开一次，项目结束后 3 个月内应全面公开。第三，在公开途径方面，公开途径。慈善组织应通过自身官方网站或批准其登记的民政部门认可的信息网站进行信息发布；应向社会公开联系方式，及时回应捐赠人及利益相关方的询问。慈善组织应对其公开信息和答复信息的真实性负责。①

其二，慈善组织严格规范使用捐赠钱款，用自身透明度赢取民众对其信任度。慈善组织应将募得善款按照协议或承诺及时用于相关慈善项目，除不可抗力或捐赠人同意外，不得以任何理由延误。未经捐赠人同意，不得擅自更改钱款用途。倡导"募—用"分离，制定有关激励扶持政策，支持在款物募集方面有优势的慈善组织将募得款物用于资助有服务专长的慈善组织运作项目。

其三，提高慈善组织公信力，加强慈善组织自身建设乃根本。慈善组织应当加强自身能力建设，完善组织内部治理结构，借鉴现代企业管理理念和管理制度，强化组织内部规范管理。通过决策机制、执行机制、激励机制、内部监督和评估机制、宣传与反馈机制的建立，促进慈善组织专业化、规范化的高效运行，形成具有高度公信力、能够永续经营持续发展的慈善组织。

二 做好慈善捐款后的信息反馈

"我们捐的钱用在哪里了？"这恐怕是所有向慈善组织捐过款的人最关心的问题。但目前在中国，这个问号依然悬在亿万捐款人的心头。在本研究中，当调查受访者"如果捐款了，你最希望用哪种方式来了解自己捐款之后的情况"一题时，37.5%的受访者选择"受助者给自己打电话或寄信"，且17.0%的受访者选择"慈善组织给自己打电话或寄信"，也就是说，一半以上的捐款者都希望得到捐款后的信息反馈情况。还有30.8%的受访者在捐款后会选择"哪种方式也不用，因为我不想知道"。当然，以上种种行为既是对善款的一种监督，也是对自己和受助人负责任的一种态度。

除此之外，还有14.7%的受访者在"如果捐款了，你最希望用哪种方式来了解自己捐款之后的情况"一题会选择"自己去查询"捐款之后的情况。2011年7月底上线的红十字总会捐款管理信息平台恰好

---

① 《国务院关于促进慈善事业健康发展的指导意见》（http：//hunancs.mca.gov.cn/article/zcfg/201507/20150700844207.shtml）。

能满足这部分受访者的需求。这一平台首先公布青海玉树捐款的来源、去向等所有信息，供公众查询，此后陆续将捐款信息放上。此举目的就是要打造一个公开透明的网络平台。每个人都可以通过系统在网上查询善款的流向，知道用到什么地方，落实到什么项目。

那么，除了本研究所提到的这些方式外，还有什么方式最受公众欢迎？2007 年新浪网所发布《中国公众公益捐赠现状调查报告》，该报告关于"什么样的信息反馈方式为公众所乐见"一题的调查结果显示[①]：78.5%的受访者表示应该在公益机构网站或门户网站公布，77.2%的受访者希望通过邮件形式，68.4%的人更倾向于电视或报纸这些传统媒体，具体结果见图 8 - 1。

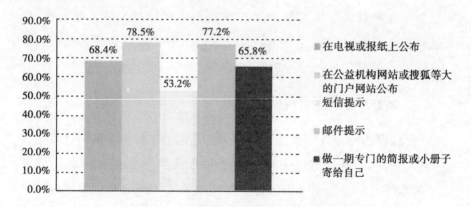

图 8 - 1　居民所乐见的信息披露方式

资料来源：来自新浪网发布的《中国公众公益捐赠现状调查报告》。

因此，捐款活动的结束绝不意味着整个慈善捐款流程的结束，相关组织者应该把善款使用流向及受捐对象改善状况等信息及时反馈给捐款者。例如，捐赠项目完成后的一个月内，采取文字、图片、音像等形式向捐款者反馈捐款状况。如果条件允许，应该让捐款者亲眼看见善款落实到那些需要帮助的人身上。慈善事业是道德事业，建立健全资金、受捐赠对象状况的反馈机制，是慈善事业健康发展的重要前

---

① 《中国公众公益捐赠现状调查报告》（http：//gongyi.sina.com.cn/jzdiaocha/index.html）。

提，也是提高社会捐赠意愿与热情、提高社会参与慈善的关键因素。

三　加强慈善制度建设

在本研究中，受访者对当前中国慈善制度的信任度极低：约有一半多的受访者对"你相信中国现在的慈善制度还是比较好的"一题所作答分数不高于"3 分"，且此题所有分数的均值仅为 3.24 分。这一切都说明：要提高居民对慈善制度的信任度，完善慈善制度乃根本。

现有慈善制度众多，但受访者对其总体上的信任度并不高，这可能与某些慈善制度固有的弊端有关。由于此问题过大，笔者不想一一展开论述，只是把它提出来，留待以后的研究中继续探讨。

同时，从第七章第二节可以看出：鼓励捐款的政策措施因素对居民慈善信任还存在影响，其影响效应达 0.431，而政策措施因素中包含"如果有严格的监控措施来保证你的捐款得到合理使用，会促使你捐款"一题，并且该题得到了受访者的高度认可。同时，当前广大民众对慈善机构公信力的怀疑主要是由于善款管理等问题而产生的，因此，笔者认为，通过加强对善款的严格监控可以提高居民的慈善信任度。

因此，政府既要从政策上鼓励民众的慈善行为，包括完善税收政策，对个人的公益捐赠减免税收并简化免税程序，调动人们的行善积极性；又要制定相关的法律法规，加强对慈善组织的监督和管理，让捐赠人相信慈善机构会把他们的钱真正用于他们所关注的事业。同时慈善组织本身也应建立严格的自律机制，包括建立规范、公开的财务管理制度，善款使用的追踪、反馈机制和公示制度，及时向社会公布捐赠款物的使用情况，在社会监督和公开透明的条件下确立自己的公信力。所有这一切制度层面的建设，都是为了慈善组织能依法依规开展募捐活动：具有公募资格的慈善组织，面向社会开展的募捐活动应与其宗旨、业务范围相一致；新闻媒体、企事业单位等和不具有公募资格的慈善组织，以慈善名义开展募捐活动的，必须联合具有公募资格的组织进行；广播、电视、报刊及互联网信息服务提供者、电信运营商，应当对利用其平台发起募捐活动的慈善组织的合法性进行验证，包括查验登记证书、募捐主体资格证明材料。

第五节　建立慈善监督长效机制

近年来，中国红十字会因"郭美美事件""8000多万元汶川地震捐款被挪用"等多起事件受到公众质疑。捐款者希望知道，自己的善款到底何去何从？有关人士认为，这暴露出我国慈善事业在管理体制和监督问责体制上存在严重问题，成为制约慈善事业发展的瓶颈。虽然按照现行管理体制要求，登记部门会对各慈善组织进行监管，但方式主要是年检，而年检报告是由民间组织自己填写，其真实性如果不查无法核实。有的年检报告非常不完善，有些报告年度财务经济状况一栏为空白；有些填写的费用支出明细与总支出金额不一致；还有的干脆不参加年检。因此，加强对慈善组织进行监督，尤其是对善款进行监督，是提高慈善组织公信力的关键。

一　采取灵活多样的监督形式

缺乏有效监督的权力是滋生腐败的温床，加强监督是慈善事业健康发展的基本要求，监督可分为内部监督和外部监督。内部监督主要以自律为主，需要有一套详细的自律机制，外部监督包括社会监督和政府监督，其中社会监督由媒体、民间评估机构及公民个人的三位一体监督形式组成。

实施内部监督时，若受捐者是个人，就需要个人自律，需要个人凭着良心和操行正确使用捐款。现实生活中因为个人失信而将善款用于其他用途的事例并不鲜见，这种行为在社会上产生了消极影响，降低了公众捐款热情。因此，捐款者认为受助者应该向其汇报"善款使用及受助之后的改善情况"，正如本研究"如果捐款了，你最希望用哪种方式来了解自己捐款之后的情况"一题所示，37.5%的受访者都选择"受助者给自己打电话或寄信"。其实，这种方式只是为了促使受助者更好自律。若受赠主体是慈善组织，在实践中就应当尽力完善自律机制，即培育其自我管理、自我约束、自我发展的能力。具体来说，慈善组织内部应设立专门的资金管理机构和监事机构。资金管理机构负责对慈善资金进行运营和核算，专项基金（比如福利彩票的基金）可独立核算，但不具有独立法人性质，不得从事投资经营活动。监事机构由专业人士、捐款人和社会知名人士民主选举组成。成立的监事会或监察委员会主要负责下列事项：对资金的募集、管理、使用、增值等活动进行全方位的监督；向捐款人说明捐款的用途和监督办法。慈善捐款项目完成后的一月内，向捐款人反馈有关情况，可采取文字、图片、音像等形式进行反馈。

与内部监督相比，外部监督则是一个更庞大而且"不易操作"的工程，尤其要做到以下几点。

第一，政府规范捐赠信息发布渠道和查询平台。捐款监管机制粗放，对求助信息真假、捐款的来源去向、监管使用等问题尚未形成刚性约束，这些都难以保证捐款能被"全部用在刀刃上"。对此，为促进捐赠信息公开、透明，政府应规范捐赠信息发布渠道和查询平台。早在 2011 年 7 月 31 日 15 时，"中国红十字会总会捐赠信息发布平台"上线试运行，首先发布了青海玉树地震捐赠收支和资助使用的情况。该平台（fabu. redcross. org. cn）包括社会捐赠总量、收支数据、援助项目、捐赠查询、项目查询、相关资料等栏目，公众可根据捐赠人姓名或捐赠项目名称查询相关捐赠信息及善款使用情况。同时，通过该平台也可了解中国红十字会总会的捐款管理、救灾流程及监督管理等工作。但该平台上线后，引来一片争议声——好多评论都认为："这是一个盾牌……"更快的是，网络信息发布平台试运行的第二天，就有网友列出了其"五大罪状"……面对批评声大于赞扬声的舆论环境，中国红十字会秘书长王汝鹏颇感无奈，他表示，"信息发布平台中海量的捐赠数据需重新整理、录入、核对，难免出现疏漏，而且发布平台还不完善，还在测试期……"同时，在中国红十字会推出捐赠信息平台后，民众对于各地方红十字会信息公开的呼声再起。据《公益时报》记者经过一番调查发现：内地 31 个省级红十字会中，已有 25 个在其官方网站上能够查到捐款信息，占总数的 80%。其中有 13

个能够具体查到每一笔日常捐款的详细信息，捐赠信息的透明化进程超过了总会，但仍有6家省级红十字会没有任何捐赠信息披露。而查询的便利性、完整性、准确性等方面，省级红十字会目前的信息披露标准与公众的要求还有一定差距。[①] 这些都是对"政府规范捐赠信息发布渠道和查询平台"最为迫切呼唤的证据，而且在本研究中，在"如果对你的捐款进行监督，你觉得哪种方式最有效"一题中，有35.8%的受访者选择这种监督方式。

第二，让更多公众参与监督。公民个人作为慈善捐款者，对善款拥有知情权，可以对慈善组织的财务状况及善款使用等信息进行监督，以增强慈善组织对善款使用的透明化。另外，对捐款人有回应和交代，也可以促使受助者更透明地使用善款，正如在"如果对你的捐款进行监督，你觉得哪种方式最有效"一题中，37.5%的受访者都希望：如果捐款了，受助者能给自己打电话或寄信。

第三，加强网络等媒体监督。本研究中，在"如果对你的捐款进行监督，你觉得哪种方式最有效"一题中，16.1%的受访者认为：捐款后，加强网络、电视等媒体监督最有效。当今中国，社会舆论在监督慈善组织和慈善事业方面发挥的作用日益增强，近几年在慈善领域出现的多起有损慈善声誉的事件也都是由媒体曝光而引起社会关注的。随着中国民主制度的完善，新闻媒体在慈善监督方面的作用日益增强。因此，加强对善款的网络、电视等媒体监督成为必要措施。正如2009年8月12日的一篇《谁来执掌760亿元地震捐赠》引起轩然大波[②]，再次验证了媒体监督的力量。

第四，重视法制建设，加强行为规范。在本研究中，有受访者主动提到"一定要用法律来约束慈善组织的行为，保证善款得到合理使用"。也就是说，民众也意识到了用法律来促进中国慈善事业发展的必要性。虽然中国制定了《红十字会法》与《中华人民共和国公益事

---

① 马怡冰：《红会捐赠信息披露状况调查　重庆等6省份未见捐赠信息》，《公益时报》2011年8月9日。

② 《谁来执掌760亿元地震捐赠》（http：//news. sina. com. cn/o/2009 - 08 - 13/033016113427s. shtml）。

业捐赠法》，但是随着社会的发展变化，这两部法律也显出一些不足。因此，一方面，国家应当加强法规制度建设，尽快研究并制定《中华人民共和国慈善事业法》，或在《社会救助法》中确定其地位、原则等，单独颁布《慈善事业条例》及相应的法规和政策，从法制上统一规范慈善事业的性质、组织形成具体的运作程序，同时取消慈善机构要有主管部门的规定，明确政府监督部门与社会协调机构，并通过政府与社会的监督确保慈善组织的运作符合法制规范；另一方面，各种慈善团体应当通过适当的形式走向联合，通过总会或联合会的形式制定出适合全国慈善工作的行为准则，如确定接受捐献、管理善款、实施救助中的纪律，抵制强行摊派，揭露借义演、义卖、募捐等名义牟取私利的行为，纠察捐献活动和慈善行为中的失范秩序，等等。

　　同时，还有受访者提出：应面对面地进行捐款，而且捐款后最好能收到受助者反馈。在他们看来，面对面的捐款方式是对善款的第一次监督，可以保证善款真正流向需要帮助的人；而收到受助者的反馈则是对善款的第二次监督，可以检验善款是否发挥作用，双重监督更有效。

二　对善款使用建立严格的监控机制

　　善款的管理与使用，是一个引人思考的问题。以 2008 年汶川地震后善款所遭遇的"四不见"为例：第一，捐赠人看不见捐款到底用在哪里；第二，灾区群众看不出哪些是捐款；第三，灾区政府看不到捐款在哪里；第四，民间公益服务看不见。[①] "四不见"或许有点偏颇，但是扯出的慈善公信话题值得关注。事实上，基于对慈善机制的不信任，不少人向地震灾区捐款并未通过慈善机构进行，而是直接把钱物交到灾区群众手中。

　　在本研究中，46.2% 的受访者对"如果有严格的监控措施来保证你的捐款得到合理使用，会促使你捐款"一题作答了"7 分"，还有

---

① 徐永光：《公开善款去向还需明确违规罚则》（http://news.163.com/10/0104/14/5S6LIM69000120GR.html 2010 - 08 - 03）。

22.7%的受访者作答"6分",两者所占比例高达68.9%。可见,"用严格的监控措施来保证善款得到合理使用"的做法得到了受访者的高度认可。因此,为了保护公众的爱心,促进慈善事业的发展,不仅应向社会公开捐赠资金的来源与去向,还应对善款使用过程中的违规行为制定严格的处罚机制。只有内部监督和外部监督双管齐下,真正实现"阳光捐赠",才能减少公众对慈善组织公信力的怀疑空间,激活社会慈善热情。

《中国慈善事业发展指导纲要(2011—2015年)》中提到,加快发展慈善事业的重点任务之一就是完善慈善事业监管体系。为此,需要做到:推进慈善信息公开制度建设,完善捐赠款物使用的查询、追踪、反馈和公示制度,逐步形成对慈善资金从募集、运作到使用效果的全过程监管机制;建立健全慈善信息统计制度,完善慈善信息统计和公开平台,及时发布慈善数据,定期发布慈善事业发展报告;加强对公益慈善组织的年检和评估工作,重点加强对信息披露、财务报表和重大活动的监管,推动形成法律监督、行政监管、财务和审计监督、舆论监督、公众监督、行业自律相结合的公益慈善组织监督管理机制;对慈善活动中的违法违规行为,要依法严肃查处。

第六节 利用传统人情随礼文化诱发慈善行为

中国社会历来是一个重视人情的社会。人情既是一种情感,也是一种可以交换的资源,是中国人人际互动的纽带和准则。在中国传统的乡土社会,人们的交谊是以人情来维持的。欠了别人的人情就得找一个机会加重一些去回个礼,加重一些就使对方反欠了自己一笔人情。来来往往,维持着人和人之间的互助合作。在现代社会,人情随礼已成为人们生活中很平常的一部分。

由第七章第二节中的"中国城市居民慈善捐款行为影响因素综合模型"(即模型6)可以看出:在直接影响慈善捐款行为的因素中,人情随礼态度对慈善捐款行为的负向影响效应最大,其影响系数

为 -0.274;且由第七章中的表 7 - 5 可知,在所有影响慈善捐款行为的因素中,人情随礼态度是唯一一个负向影响因素,且影响效应较大。可见,在中国,人情随礼文化对中国人的慈善捐款行为影响重大。那么,应该如何利用这种中国特色的人情随礼文化来诱发更多居民参与到慈善捐款中呢?

一　弱化人情文化的消极影响

自古以来,中华民族是一个讲究人情与人情交往的民族,人情文化十分发达,可以说,人情文化构成了中国人重要的生存方式与生活方式,是中国人重要的待人处世之道。但是,当前的"人情风"产生了一定的负面效应。首先,过度的人情随礼给人们造成了沉重的精神和物质上的负担。人情关系历来被认为是维系人与人之间正常情感交往的纽带,因而缺乏人情交往的社会生活是可悲的。但是当前的人情随礼使人情交往这一自愿、自由的活动蜕变成为被迫的、扭曲的情感支出,增加了人们的精神负担。同时,过度频繁的人情支出,吞噬了来之不易的物质财富,影响了人们的正常消费和生产活动,不利于家庭和社会的稳定、持续发展。其次,它造成社会资源的极大浪费。人们一方面为数不胜数、花样日新的礼(压岁礼、婚丧礼、生日礼等)而苦不堪言,另一方面却大摆酒席,大修墓碑。目前,从农村到城市,"人情债"愈来愈重,"人情风"愈刮愈烈,几乎泛滥成灾。再次,它导致权力滥用。做人情带来的社会弊端中,除了严重的"人情礼"外,最令人痛心疾首的当首推以权谋私。诸如行贿受贿、任人唯亲以及走后门、拉裙带等不正之风,这些大多属于以权谋私。

因此,既然人情随礼已到了令人深恶痛绝的程度,说明它确已到了非治不可的地步。既然大多数人都要面子,都不愿捅破这层窗户纸,那就要有个"不要面子"的人去为大家献身,捅破这层纸,像安徒生童话里的孩子,勇敢指出"皇帝并没穿什么新衣"。当然,这是"勇敢者"的行为,毕竟这与当前社会的大趋势相违背。一个社会习惯,如果我们都不明白这样做是谁定的,则属于习俗;但若这个习俗让大家都不舒服，它是否就是陋习？对于陋习，我们是否应当站出来对其进行改进？

　　同时，笔者认为，在日常生活中还可以从以下两方面来规避人情文化的负面效应。

　　一方面，实施合理的人情规避。过分讲人情，陷入人际关系网的包围之中，实际上给当事人带来很大压力和困难。俗话说："人情紧过债""赖债不如赖人情，赖了人情难做人""钱债好还，人情债难还"。因此，社会上有许多人努力规避人情，如拒收他人的礼物，婉拒别人的宴请，无事少跟人交往，或是亲兄弟明算账，朋友聚会实行AA制，实行回避制，等等。应当说这些不失为避免人情关系扩大化、防止人情与国法相冲突的重要策略。

　　另一方面，提倡人际之间的正常交往。在当代中国社会，人情文化产生了一些不可忽视的负面效应，亦带来人际关系的功利化、金钱化、世俗化和疏远化等消极景况。因此，在日常人际交往中，礼尚往来是我们应遵循的基本原则，但更应该珍惜人际之间的亲情、友情，使人与人之间多一些关爱、体贴、宽容、尊重，多一些人情味，从而促进人际关系和谐发展。

二　适当利用人情随礼习俗开展慈善募捐

　　人的需要和利益是人情交往的根本动因，是人情文化存在的内在本质依据。作为一种实践行为方式，人情文化活动的各种方式就充当了从需求到利益实现的中间操作环节。通过人际互动、交流沟通才能使人们在关系网络中摄取足够充分的生存发展的条件、空间和机会，才会在实际的交流沟通中受惠，不仅包括物质能量的互利，还包含精神情感方面的尊重和满足。可以说，人情文化是需求和利益向现实转化的一种可操作性的文化机制。而人情文化作为一种文化形态，它是指导人们进行物质能量交换、信息情感沟通、机会利益互动的一种思维模式、行为原则，是人与人之间行为方式的潜规则，起到引导、监督和修正人们行为活动和方式的作用。可以说，人情文化是一种既为别人存在也为我们自身而存在的现实的社会意识，它"只是由于需要，由于和他人交往的迫切需要才产生"① 和存在的。因此，既然人情随礼能够协调人际关系，沟通人的情感，丰富人们的精神生活，只要根据不同的情景，针对不同的关系，对人情加以具体分析与运用，就能扬长避短，达到人情效用的优化。

鉴于目前人情随礼种类繁多，尤其是结婚随礼、考大学随礼等，笔者认为，我们可以利用这种人情随礼文化，通过它来适时进行募捐。对于结婚随礼，我们可以向"新婚者"发起一项新倡导："将爱洒向更多人，让爱恒久流长"，具体而言：向每对新登记的夫妇进行慈善动员，号召他们举行婚礼之日把所收到的部分"礼金"捐赠给需要帮助的人，让更多的人感受他们的爱。对于考大学随礼，我们可以向"金榜题名者"发起一项倡导——"你的爱心可以帮助一位贫困学生和你一起步入大学校门圆梦"，具体而言：向那些新考上大学的学生及其家长发一份倡议书，号召他们用自己收到的"贺金"向那些考上大学却因贫困而不能读大学的学生捐款；或者"手拉手"结成"成长伙伴"，在日常生活中资助那些寒门学子。最终，双方在以后的学习中达到相互学习、共同成长的目的。此法有两个优点，一是它没有离开中国特有的人情文化环境，反而利用了这种特色文化；二是它抓住了"人逢喜事精神爽"的特点，不但易于募集到善款，还能引导"捐赠者"开始"爱心之旅"。

---

① 《马克思恩格斯选集》第 1 卷，人民出版社 1995 年版，第 81 页。

第九章

结 论

为了探讨中国式慈善的真正面貌，笔者分三个大问题予以详细阐述：一是研究中国城市居民慈善捐款行为基本状况，二是分析中国城市居民慈善捐款行为的典型特点，三是深层次探讨究竟是哪些因素影响了广大居民的慈善捐款行为。为此，笔者运用文献法、问卷调查法及多元统计分析法等多种研究方法，在计划行为理论和利他主义理论基础上，通过对计划行为理论的修正以及将两个理论的联合应用，构建了多个"中国城市居民慈善捐款行为影响因素模型"（模型1—5）来分别分析不同因素对慈善捐款行为的影响，并通过比较多个模型来分析并验证"城市居民慈善捐款行为影响因素综合模型"（模型6），然后利用该模型来综合探索各个不同因素间的关系及其对慈善捐款行为的影响。可以说，综合模型的构建既用理论模型解释了中国城市居民慈善捐款行为，又验证了将计划行为理论和利他主义理论联合起来用于研究利他行为的适用性。最后，笔者根据当前中国城市居民的慈善捐款行为特点以及各种影响慈善捐款行为的大小因素，有针对性地提出促进居民慈善捐款行为的激励策略。

第一节 基本研究结论

一 当前中国城市居民慈善捐款行为的基本状况

目前，中国城市居民的慈善捐款主要包括两部分：一是捐款给陌生人，二是捐款给慈善组织。若单从年平均慈善捐款额看，受访者在

2011 年一年中向陌生人的捐款要多于向慈善组织的捐款，笔者推测这可能源于目前公众对慈善组织公信力的质疑，也可能源于公众未形成固定向慈善组织捐赠的日常慈善行为习惯。但无论出于何种原因，都值得我们深思。

关于目前中国城市居民捐款究竟是多是少，涉及如何衡量问题。在本研究中，当计算居民慈善捐款总额在其年收入中所占的比重时发现，68.93%的受访者的捐款收入比在 0—1.000%，这其中还包括 12.84%的受访者在 2011 年一年中未做过慈善捐款。但是，当详细比较不同收入群体的慈善捐款行为时发现：若从不同收入群体的"绝对年平均慈善捐额"看，除"1001—2000 元"收入群体外，从"1000 元以下"到"5001 元以上"收入群体的年平均慈善捐款额呈逐渐增多趋势，即收入越多，则其年平均慈善捐款额越多；但若比较不同收入群体的"捐款收入比"则发现：收入越多的人，其"捐款收入比"反而越低，也就是说，他们反而越"吝啬"。这些数据一方面充分说明当前中国城市居民慈善捐款较少且未成为人们的日常行为；另一方面说明当前居民的慈善热情未被充分激发出来，收入较多者反而相对"吝啬"。

关于当前慈善捐款认知方面，虽然居民对慈善捐款行为主体、客体及捐款作用方面的认知水平在不断发展，但仍存在不足。

关于不同群体的慈善捐款行为方面，尽管不同性别及不同信仰群体的慈善捐款行为并无显著差异，但不同年龄、婚姻状况、文化程度、收入、职业及政治面貌等群体的慈善捐款行为存在显著差异。

二 中国城市居民慈善捐款行为的主要特点

通过研究发现，目前中国城市居民的慈善捐款行为主要存在以下五个特点：第一，居民捐款额少且未形成日常习惯，居民慈善热情并未被充分激发出来；第二，居民的慈善捐款认知水平仍处于由传统向现代过渡的阶段；第三，不同年龄、不同婚姻状况、不同文化程度、不同收入、不同职业以及不同政治面貌等人群的慈善捐款行为差异显著；第四，居民慈善捐款行为的纯粹利他主义倾向最强；第五，居民的慈善捐款行为受人情随礼态度影响较大；第六，中国式慈善捐赠动员机制受半体制化动员方式影响更大，而且该方式在一定时期内还将发挥不可替代的作用。

三　中国城市居民慈善捐款行为影响因素的最优模型

通过比较各个模型的拟合指标发现，复杂模型拟合更好，也就是说，当把"慈善捐款态度、慈善捐款主观规范、利他主义倾向、慈善信任、慈善价值观、人情随礼态度、政策措施、慈善捐款行为"八个潜变量都纳入模型中并构建起各个变量之间的相互关系时为最优模型，即模型6为最优模型。同时，比较各个模型的影响系数时，所得结果也证明了复杂模型更能揭示各影响因素的大小，更能凸显不同影响因素对慈善捐款行为的各自影响效应。

四　中国城市居民慈善捐款行为的主要影响因素

一方面，若从各个因素对慈善捐款行为的直接影响效应来看，对慈善捐款行为存在正向直接影响的因素从大到小依次是利他主义倾向、慈善信任、政策措施，而对其具有负向直接影响的因素依次是人情随礼态度和慈善价值观；慈善捐款态度和慈善捐款主观规范是慈善捐款行为的间接影响因素，且慈善捐款态度对捐款行为的影响效应要大于慈善捐款主观规范对捐款行为的影响效应。

另一方面，若分析各因素对慈善捐款行为的总影响效应，对慈善捐款行为存在正向影响的因素从大到小依次是利他主义倾向、慈善捐款态度、政策措施、慈善信任、慈善捐款主观规范、慈善价值观，而人情随礼态度对慈善捐款行为存在负向影响。

由于从总效应角度来探讨各因素对捐款行为的影响大小问题时，不仅考虑了各因素间的直接影响效应，还考虑了其间接影响效应，并把慈善捐款态度和慈善捐款主观规范也纳入其中，因此，笔者采纳各因素对捐款行为的总影响效应系数。

五　提出促进城市居民慈善捐款行为的策略

根据相关研究结果，本书提出一系列促进城市居民慈善捐款的针对性策略：第一，加强慈善宣传，塑造现代慈善观。既要加强慈善认知教育以强化居民慈善意识，又要拓宽慈善宣传渠道，并提高媒体进行慈善宣传的针对性。第二，推行灵活多样的慈善捐款动员方式进行慈善募捐。一方面，要充分发挥单位、社区在慈善动员中的功能；另一方面，应根据不同人群的慈善捐款行为特点进行慈善募捐。第三，物质激励和精神激励"双管齐下"来促使居民捐款。既要完善以税收优惠政策为主的物质激励机制，又要重视精神激励对捐款者加以奖励，推动更多的人加入慈善捐款队伍中。第四，提高居民慈善信任度。要做好慈善捐款后的信息反馈，以增强居民信任感；要加强慈善组织公信力建设以提高居民对其慈善信任水平。第五，建立慈善监督长效机制。一方面，可以采取灵活多样的监督形式来监督慈善组织及善款；另一方面，对善款使用建立起严格的监控机制。第六，利用传统人情随礼文化诱发慈善行为。

六　计划行为理论与利他主义理论联合应用的前景

在本研究中，笔者在联合应用计划行为理论和利他主义理论两个理论的基础上，构建了"中国城市居民慈善捐款行为影响因素综合模型"，不但探讨了居民慈善捐款行为的影响因素，而且验证了两个理论联合应用的适用性。由于居民慈善捐款行为是一种典型的利他行为，因此，笔者认为，本研究中关于两个理论联合应用的思路可以为其他学者研究利他行为提供借鉴。

由第四章第四节和第七章第二节可知，利他主义倾向对慈善捐款行为存在正向直接影响效应，而慈善捐款态度和慈善捐款主观规范又会正向直接影响利他主义倾向，概而言之，居民慈善捐款态度越积极，感受到周围人的支持越大，则其利他主义倾向越大，而居民的利他主义倾向又会决定其慈善捐款行为。根据本研究结果，笔者认为可以据此总结出"利他行为态度、主观规范、利他主义倾向、利他行为"四个主要变量以分析个人利他行为，并通过分析各个变量间的关系以探讨利他行为的影响因素。

具体而言，利他行为态度是指个人对从事某项具体利他行为的总体评价；主观规范是指个人在决策是否从事某项具体利他行为时所感受到的社会支持程度，它反映的是重要的参考对象（如个人、团体或规定）对个体行为决策的影响；利他主义倾向是指个人在未来一段时间内想要采取某一特定具体利他行为时所持有的利他主义的动机；利他行为就是指个人出于自愿而不计较外部利益去帮助他人的行为。概括来说，个人的利他行为态度越积极，感受到周围的社会支持越大，则其从事该行为的利他主义倾向就越大，而个人的利他行为倾向又会直接决定其利他行为。

由于本研究已验证了两个理论联合应用于居民慈善捐款行为这种典型利他行为的可行性，因此，笔者认为，这同样可以适用于研究其他利他行为，如献血、志愿服务、助人行为等，而笔者通过研究总结出的"利他行为态度、主观规范、利他主义倾向"等变量可以用于分析个人利他行为的基本影响因素，至于外部环境因素等其他因素则属于"权变因素"，每个研究者可以根据所研究的主题进行适当定义、扩展。

第二节　研究局限

一　个别问题还需进一步探讨

可能由于样本量过小等样本本身的局限性，当笔者把人情随礼额度纳入模型中进行讨论时，模型不收敛，这是本研究中仍需进一步探讨的问题，因此笔者会在下一步的研究中通过其他数据或研究方式来验证人情随礼额度与慈善捐款行为的关系问题。

二　样本规模不够大，范围仍不够广

在第二章中已指出，本次调查样本容量为 1062，置信区间达 99.5%。尽管置信区间已经比较高了，但距更严谨的调查样本量还存在一定的距离，这主要是由于人力、物力、财力的限制。据计算，更严谨的调查样本量应该在 3000 以上。

此外，本次调查的调查范围虽然是全国三个省份中的九个城市，在一定程度上反映了全国城市居民慈善捐赠行为的影响因素。但由于某些原因，部分城市的调查并未完成。即使完成了，仅用三个省份来代表全国也具有一定的局限性。

第三节　研究展望

一　扩大研究范围

为更全面地了解中国居民慈善捐款行为的影响因素，应在以后的研究中加入对中国西部省份城市的调查，同时要选取部分农村地区进行研究，最终建立起包括中国农村和城市在内的中国居民慈善捐款行为影响因素模型，并通过设定不同指标来比较不同地区的慈善发展水平。

二　加强研究社会组织的慈善行为

为了更好地解决社会问题，与实践接轨，笔者计划将研究范围从居民个体的慈善行为扩大到社会组织的慈善行为影响因素，这种从微观到宏观的拓展，将有利于研究企业、单位的慈善行为影响因素，从而研究影响社会组织慈善行为的因素，进一步预测社会组织未来的慈善行为情况，并提出动员社会组织慈善行为的建议，构建中国社会组织慈善行为模型。

三　建立中国慈善捐赠事业发展评估模型

结合第三届"中国城市公益慈善指数"的研究成果，以本次调查研究为基础，笔者在后期的研究中会尝试选取一定的指标来构建中国城市居民慈善捐款指数，并根据此指数进行不同省份、不同城市间的居民慈善比较；然后在此基础上，结合个人与社会组织慈善捐赠行为的研究，与慈善捐赠事业的各个方面联系起来，建立一整套中国慈善捐赠事业发展评估模型，评估中国各地慈善捐赠事业的发展状况，从而推动中国慈善事业健康发展，促进社会和谐稳定。

附录 A

城市居民慈善捐款行为调查问卷

您好！我们正在做一个有关"慈善方面"的课题。请您配合回答几个问题可以吗？我们没有任何恶意，只是为了研究。

1. 您是哪个城市的？（单选）

A. 沈阳（　）；B. 大连（　）；C. 阜新（　）；D. 南京（　）；
E. 无锡（　）；F. 宿迁（　）；G. 成都（　）；H. 绵阳（　）；I.
遂宁（　）

2. 您的年龄？

A. 18 岁以下（　）；B. 18—25 岁（　）；C. 26—35 岁（　）；
D. 36—50 岁（　）；E. 51—60 岁（　）；F. 61 岁及以上（　）

3. 最近两三年内，你是否有过慈善捐款？（例如，那些有人组织的捐款，或者在路上给乞丐或求助者捐钱等）

A. 有（　）　B. 无（　）

下面一些情况，您看是否符合你自己？如果你越赞同，打分越高；越不赞同，打分越低。最低 1 分，最高 7 分，在 1—7 分之间打分。你在相应的数字上打"√"即可。（注意：1 代表"非常不赞同"，2 代表"不赞同"，3 代表"比较不赞同"，4 代表"无所谓"，5 代表"比较赞同"，6 代表"赞同"，7 代表"非常赞同"。）

4. 你觉得慈善捐款是件愉快的事。打几分：

<u>1　　2　　3　　4　　5　　6　　7</u>

5. 你觉得慈善捐款是件有意义的事。打几分：

<u>1　　2　　3　　4　　5　　6　　7</u>

6. 慈善捐款可以提升你的道德修养、体现自身价值。打几分：

1   2   3   4   5   6   7

7. 慈善捐款可以让你心里觉得很安慰、很高兴。打几分：

1   2   3   4   5   6   7

8. 慈善捐款有利于帮助有困难的人解决难题。打几分：

1   2   3   4   5   6   7

9. 慈善捐款有利于缩小贫富差距，促进社会公平。打几分：

1   2   3   4   5   6   7

10. 慈善捐款并不会占用你太多时间、精力和钱。打几分：

1   2   3   4   5   6   7

11. "通过捐款来提升你的道德修养、体现自身价值"是值得的。打几分：

1   2   3   4   5   6   7

12. "通过捐款让你觉得心里很安慰并且心情愉快"是值得的。打几分：

1   2   3   4   5   6   7

13. "即使捐款会花费一些时间、精力和钱"，这样也是值得的。打几分：

1   2   3   4   5   6   7

14. 亲戚朋友会赞同你捐款。打几分：

1   2   3   4   5   6   7

15. 同事、单位领导、社区领导、老师等也会赞同你捐款。打几分：

1   2   3   4   5   6   7

16. 是否捐款，亲戚朋友的看法对你很重要。打几分：

1   2   3   4   5   6   7

17. 是否捐款，同事、单位领导、社区领导（或老师）的看法对你很重要。打几分：

1   2   3   4   5   6   7

18. 对你有影响的人（如亲朋好友），大部分赞同你在未来一年里捐款。打几分：

1　　2　　3　　4　　5　　6　　7

19. 你认为给予别人是一种美德。打几分：

1　　2　　3　　4　　5　　6　　7

20. 有人处于紧急情况或困境中时，帮助对方是我们的道德义务。打几分：

1　　2　　3　　4　　5　　6　　7

21. 出于同情、爱心，你觉得自己应该为那些需要帮助的人捐款。打几分：

1　　2　　3　　4　　5　　6　　7

22. 对别人捐款，你认为你将来也可能会得到他人帮助。打几分：

1　　2　　3　　4　　5　　6　　7

23. 你相信慈善捐款可以行善积德，这种想法会促使你捐款。打几分：

1　　2　　3　　4　　5　　6　　7

24. 捐款后，如果给你一定的奖励或税收减免，那你以后继续捐款的可能性会增加。打几分：

1　　2　　3　　4　　5　　6　　7

25. 如果有严格的监控措施来保证你的捐款能得到合理使用，会促使你捐款。打几分：

1　　2　　3　　4　　5　　6　　7

26. 你认为大部分人是值得信任的，所以那些求助者是真的遇到了困难。打几分：

1　　2　　3　　4　　5　　6　　7

27. 你相信中国现在的慈善制度还是比较好的。打几分：

1　　2　　3　　4　　5　　6　　7

28. 现在虽然出现了一些有关慈善组织的负面事件，但你仍相信大部分慈善机构能尽职尽责。打几分：

1　　2　　3　　4　　5　　6　　7

29. 未来一年里，你可能会为了"日后能得到别人帮助"或"能减免部分个人所得税"而捐款。打几分：

1　　2　　3　　4　　5　　6　　7

30. 未来一年里，你如果向那些处于困境中的人捐款，不是为了得到回报，而只是想让自己精神满足。打几分：

1　　2　　3　　4　　5　　6　　7

31. 在未来一年里，你只会把钱用来帮助有困难的父母、兄弟、姐妹等亲属。打几分：

1　　2　　3　　4　　5　　6　　7

32. 对亲戚朋友人情随礼，才是够意思、尽义务。打几分：

1　　2　　3　　4　　5　　6　　7

33. 对亲戚朋友等人情随礼，会让双方的关系越走动越亲近。打几分：

1　　2　　3　　4　　5　　6　　7

34. 对亲戚朋友人情随礼，是一种变相投资，将来也会得到回报。打几分：

1　　2　　3　　4　　5　　6　　7

35. 你坚信"礼尚往来是做人的准则"，所以你愿意人情随礼。打几分：

1　　2　　3　　4　　5　　6　　7

36. 哪种渠道获得的慈善信息最有可能让你捐款？（单选）

A. 广播（　）；B. 电视（　）；C. 报纸（　）；D. 网络（　）；E. 慈善机构或慈善组织现场宣传（　）；F. 周围人告诉（　）

37. 在日常慈善宣传中，什么内容最能打动你？（单选）

A. 好人好事（　）；B. 求助者的困难处境（　）；C. 做慈善的意义（　）；D. 捐款是否可以享受税收减免（　）；E. 宣传标语和慈善口号（　）；F. 其他内容（请说明：_____
_____）

38. 哪个组织的动员最有可能让你捐款？（单选）

A. 工作单位或正读书的学校（　）；B. 社区（　）；C. 慈善组织或慈善机构（　）；D. 媒体（　）；E. 谁动员也没用（　）

39. 捐款了，你最希望得到哪个东西？（单选）

A. 捐款发票（　　）；B. 捐款证明（　　）；C. 捐款较多被授予荣誉市民称号（　　）；D. 受助者向我表示感谢（　　）；E. 冠名（　　）；F. 什么也不需要（　　）

40. 捐款了，你最希望通过哪种方式来了解自己捐款之后的情况（如善款使用等）？（单选）

A. 慈善组织给你打电话或寄封信（　　）；B. 受助者给你打电话或寄封信（　　）；C. 自己去查询（　　）；D. 哪种方式也不用，因为我不想知道（　　）

41. 如果对你的捐款进行监督，你觉得哪种方式最有效？（单选）

A. 开展慈善公开日（　　）；B. 加强网络、电视等媒体监督（　　）；C. 让更多公众参与监督（　　）；D. 政府规范捐赠信息发布渠道和查询平台（　　）；E. 其他方式（请说明：＿＿＿＿＿＿＿＿＿＿＿＿＿＿＿＿＿＿＿＿）

42. 过去一年里，你向陌生人大概捐了多少钱？（写出大概数目，以"元"为单位）（　　　　）

43. 过去一年里，你向慈善组织或慈善机构大概捐了多少钱？（写出大概数目，以"元"为单位）（　　　　　　　　）

44. 过去一年里，你人情随礼大概花了多少钱？（写出大概数目，以"元"为单位）（　　　　　　　　）

45. 你知道捐款可以享受个人所得税减免吗？（单选）

A. 知道（　　）；B. 不知道（　　）

46. 捐款后，你知道怎样办理税收减免手续吗？（单选）

A. 知道（　　）；B. 不知道（　　）

47. 你认为谁应该做慈善？（可多选）

A. 富人（　　）；B. 国家（　　）；C. 每个公民的责任和义务（　　）

48. 你认为用钱来帮助谁才是慈善？（可多选）

A. 困难的陌生人（　　）；B. 捐给慈善机构或慈善组织（　　）；C. 困难的朋友或关系较好的同事（　　）；D. 困难的亲人（如父母子女兄妹）（　　）

49. 您的婚姻状况？（单选）

A. 未婚（　）；B. 已婚（　）；C. 其他（　）

50. 您文化程度？（单选）

A. 初中及以下（　）；B. 高中或中专（　）；C. 大专（　）；D. 大学本科（　）；E. 研究生及以上（　）

51. 您的政治面貌？（单选）

A. 党员（　）；B. 群众（　）；C. 民主党派（　）；D. 团员（　）

52. 您的信仰？（单选）

A. 信仰命运/神灵/祖先等（　）；B. 信仰佛教、基督教等宗教（　）；C. 无（　）

53. 您的月收入？（单选）

A. 1000元以下（　）；B. 1001—2000元（　）；C. 2001—3000元（　）；D. 3001—5000元；E. 5001元以上（　）

54. 您的职业？（单选）

A. 党政机关或事业单位正处级及以上领导干部（　）；

B. 党政机关或事业单位普通干部、普通技术人员（　）；C. 党政机关或事业单位普通工作人员（　）；D. 高级专业技术人员（如教授、科学家等）（　）；E. 企业中高层管理人员（　）；F. 企业普通工作人员（　）；G. 个体、买卖经营者（　）；H. 农林渔牧人员（　）；I. 装卸、家政等零工/打工者（　）；J. 学生、退休、离休及无工作人员（　）；K. 军人、武警等军队人员

55. 您的性别？
A. 男（　）；B. 女（　）

问卷编号：_____　访问员：_____
复核员：_____

附录 B

与慈善捐赠相关的重要法规

《中华人民共和国公益事业捐赠法》

(1999 年 6 月 28 日第九届全国人民代表大会常务委员会
第十次会议通过　1999 年 6 月 28 日中华人民共和国主席令
第十九号公布　自 1999 年 9 月 1 日起施行)

第一章　总　　则

第一条　为了鼓励捐赠，规范捐赠和受赠行为，保护捐赠人、受赠人和受益人的合法权益，促进公益事业的发展，制定本法。

第二条　自然人、法人或者其他组织自愿无偿向依法成立的公益性社会团体和公益性非营利的事业单位捐赠财产，用于公益事业的，适用本法。

第三条　本法所称公益事业是指非营利的下列事项：

（一）救助灾害、救济贫困、扶助残疾人等困难的社会群体和个人的活动；

（二）教育、科学、文化、卫生、体育事业；

（三）环境保护、社会公共设施建设；

（四）促进社会发展和进步的其他社会公共和福利事业。

第四条　捐赠应当是自愿和无偿的，禁止强行摊派或者变相摊派，不得以捐赠为名从事营利活动。

第五条　捐赠财产的使用应当尊重捐赠人的意愿，符合公益目的，不得将捐赠财产挪作他用。

第六条　捐赠应当遵守法律、法规，不得违背社会公德，不得损害公共利益和其他公民的合法权益。

第七条　公益性社会团体受赠的财产及其增值为社会公共财产，受国家法律保护，任何单位和个人不得侵占、挪用和损毁。

第八条　国家鼓励公益事业的发展，对公益性社会团体和公益性非营利的事业单位给予扶持和优待。

国家鼓励自然人、法人或者其他组织对公益事业进行捐赠。

对公益事业捐赠有突出贡献的自然人、法人或者其他组织，由人民政府或者有关部门予以表彰。对捐赠人进行公开表彰，应当事先征求捐赠人的意见。

第二章　捐赠和受赠

第九条　自然人、法人或者其他组织可以选择符合其捐赠意愿的公益性社会团体和公益性非营利的事业单位进行捐赠。捐赠的财产应当是其有权处分的合法财产。

第十条　公益性社会团体和公益性非营利的事业单位可以依照本法接受捐赠。

本法所称公益性社会团体是指依法成立的，以发展公益事业为宗旨的基金会、慈善组织等社会团体。

本法所称公益性非营利的事业单位是指依法成立的，从事公益事业的不以营利为目的的教育机构、科学研究机构、医疗卫生机构、社会公共文化机构、社会公共体育机构和社会福利机构等。

第十一条　在发生自然灾害时或者境外捐赠人要求县级以上人民政府及其部门作为受赠人时，县级以上人民政府及其部门可以接受捐赠，并依照本法的有关规定对捐赠财产进行管理。

县级以上人民政府及其部门可以将受赠财产转交公益性社会团体

或者公益性非营利的事业单位；也可以按照捐赠人的意愿分发或者兴办公益事业，但是不得以本机关为受益对象。

第十二条 捐赠人可以与受赠人就捐赠财产的种类、质量、数量和用途等内容订立捐赠协议。捐赠人有权决定捐赠的数量、用途和方式。

捐赠人应当依法履行捐赠协议，按照捐赠协议约定的期限和方式将捐赠财产转移给受赠人。

第十三条 捐赠人捐赠财产兴建公益事业工程项目，应当与受赠人订立捐赠协议，对工程项目的资金、建设、管理和使用作出约定。

捐赠的公益事业工程项目由受赠单位按照国家有关规定办理项目审批手续，并组织施工或者由受赠人和捐赠人共同组织施工。工程质量应当符合国家质量标准。

捐赠的公益事业工程项目竣工后，受赠单位应当将工程建设、建设资金的使用和工程质量验收情况向捐赠人通报。

第十四条 捐赠人对于捐赠的公益事业工程项目可以留名纪念；捐赠人单独捐赠的工程项目或者主要由捐赠人出资兴建的工程项目，可以由捐赠人提出工程项目的名称，报县级以上人民政府批准。

第十五条 境外捐赠人捐赠的财产，由受赠人按照国家有关规定办理入境手续；捐赠实行许可证管理的物品，由受赠人按照国家有关规定办理许可证申领手续，海关凭许可证验放、监管。

华侨向境内捐赠的，县级以上人民政府侨务部门可以协助办理有关入境手续，为捐赠人实施捐赠项目提供帮助。

第三章 捐赠财产的使用和管理

第十六条 受赠人接受捐赠后，应当向捐赠人出具合法、有效的收据，将受赠财产登记造册，妥善保管。

第十七条 公益性社会团体应当将受赠财产用于资助符合其宗旨的活动和事业。对于接受的救助灾害的捐赠财产，应当及时用于救助活动。基金会每年用于资助公益事业的资金数额，不得低于国家规定的比例。

公益性社会团体应当严格遵守国家的有关规定，按照合法、安全、有效的原则，积极实现捐赠财产的保值增值。

公益性非营利的事业单位应当将受赠财产用于发展本单位的公益事业，不得挪作他用。

对于不易储存、运输和超过实际需要的受赠财产，受赠人可以变卖，所取得的全部收入，应当用于捐赠目的。

第十八条　受赠人与捐赠人订立了捐赠协议的，应当按照协议约定的用途使用捐赠财产，不得擅自改变捐赠财产的用途。如果确需改变用途的，应当征得捐赠人的同意。

第十九条　受赠人应当依照国家有关规定，建立健全财务会计制度和受赠财产的使用制度，加强对受赠财产的管理。

第二十条　受赠人每年度应当向政府有关部门报告受赠财产的使用、管理情况，接受监督。必要时，政府有关部门可以对其财务进行审计。

海关对减免关税的捐赠物品依法实施监督和管理。

县级以上人民政府侨务部门可以参与对华侨向境内捐赠财产使用与管理的监督。

第二十一条　捐赠人有权向受赠人查询捐赠财产的使用、管理情况，并提出意见和建议。对于捐赠人的查询，受赠人应当如实答复。

第二十二条　受赠人应当公开接受捐赠的情况和受赠财产的使用、管理情况，接受社会监督。

第二十三条　公益性社会团体应当厉行节约，降低管理成本，工作人员的工资和办公费用从利息等收入中按照国家规定的标准开支。

第四章　优惠措施

第二十四条　公司和其他企业依照本法的规定捐赠财产用于公益事业，依照法律、行政法规的规定享受企业所得税方面的优惠。

第二十五条　自然人和个体工商户依照本法的规定捐赠财产用于公益事业，依照法律、行政法规的规定享受个人所得税方面的优惠。

第二十六条　境外向公益性社会团体和公益性非营利的事业单位捐赠的用于公益事业的物资，依照法律、行政法规的规定减征或者免征进口关税和进口环节的增值税。

第二十七条　对于捐赠的工程项目，当地人民政府应当给予支持和优惠。

第五章　法律责任

第二十八条　受赠人未征得捐赠人的许可，擅自改变捐赠财产的性质、用途的，由县级以上人民政府有关部门责令改正，给予警告。拒不改正的，经征求捐赠人的意见，由县级以上人民政府将捐赠财产交由与其宗旨相同或者相似的公益性社会团体或者公益性非营利的事业单位管理。

第二十九条　挪用、侵占或者贪污捐赠款物的，由县级以上人民政府有关部门责令退还所用、所得款物，并处以罚款；对直接责任人员，由所在单位依照有关规定予以处理；构成犯罪的，依法追究刑事责任。

依照前款追回、追缴的捐赠款物，应当用于原捐赠目的和用途。

第三十条　在捐赠活动中，有下列行为之一的，依照法律、法规的有关规定予以处罚；构成犯罪的，依法追究刑事责任：

（一）逃汇、骗购外汇的；

（二）偷税、逃税的；

（三）进行走私活动的；

（四）未经海关许可并且未补缴应缴税额，擅自将减税、免税进口的捐赠物资在境内销售、转让或者移作他用的。

第三十一条　受赠单位的工作人员，滥用职权，玩忽职守，徇私舞弊，致使捐赠财产造成重大损失的，由所在单位依照有关规定予以处理；构成犯罪的，依法追究刑事责任。

第六章　附　　则

第三十二条　本法自 1999 年 9 月 1 日起施行。

《中华人民共和国慈善事业法（草案）》

（征求意见稿）

目　录

第一章　总　则

第一条【立法宗旨】为了发展慈善事业，规范慈善活动，保护慈善组织、捐赠人、志愿者。受益人等有关主体的合法权益，促进社会和谐，制定本法。

第二条【适用范围】在中华人民共和国境内从事与慈善有关的活动，适用本法。

第三条【慈善活动的定义】本法所称慈善活动，是指自然人、法人或者其他组织以捐赠财产或者提供志愿服务等方式，自愿开展的下列公益活动：

（一）扶老、助残、恤幼、济困、赈灾等活动；

（二）促进教育、科学、文化、卫生、体育、环境保护等活动；

（三）维护社会公共利益的其他活动。

第四条【开展慈善活动的原则】自然人、法人或者其他组织开展慈善活动，应当遵循自愿、无偿、诚信、友善的原则，不得违背社会公德，不得损害社会公共利益和他人合法权益。

第五条【鼓励支持慈善事业发展】国家鼓励和支持自然人、法人或者其他组织开展慈善活动。

县级以上人民政府应当将发展慈善事业纳入国民经济和社会发展总体规划及相关专项规划，建立和完善慈善事业与其他社会保障制度衔接机制。

第六条【政府管理体制】国务院民政部门主管全国慈善工作，县级以上地方各级人民政府民政部门主管本行政区域慈善工作。

县级以上人民政府财政、税务等有关部门按照各自职责做好慈善工作。

县级以上人民政府建立和完善促进慈善事业的工作协调机制。

第七条【中华慈善日】每年 4 月的第二个星期日为"中华慈善日"。

第二章　慈善组织

第八条【慈善组织定义】本法所称慈善组织，是指以开展慈善活动为宗旨的公益组织。

第九条【慈善组织登记的条件】符合下列条件的慈善组织，可以直接向县级以上人民政府民政部门申请登记：

（一）开展慈善活动，不以营利为目的；

（二）有组织章程；

（三）有自己的名称和住所；

（四）有必要的财产或者经费；

（五）有符合条件的组织机构和负责人；

（六）法律、行政法规规定的其他条件。

国务院民政部门根据本法可以具体规定地方人民政府民政部门对慈善组织的登记条件。

第十条【慈善组织登记】慈善组织申请登记的，民政部门应当自受理申请之日起三十日内作出准予登记或者不予登记的决定。符合本法第九条规定条件的，予以登记，并在登记证书中载明慈善组织属性和慈善宗旨；不符合条件的，不予登记，并书面说明理由。

第十一条【内部治理结构】慈善组织应当建立健全内部治理结构，完善决策、执行、监督制度和决策机构议事规则。

第十二条【有会员组成的慈善组织的权力机构和执行机构】有会员组成的慈善组织的权力机构是会员大会或者会员代表大会。会员大会或者会员代表大会选举产生的理事会是执行机构。

第十三条【没有会员的慈善组织的权力机构】没有会员的慈善组织的权力机构是理事会。慈善组织登记后，理事的产生、辞职或者罢免由理事会进行表决，理事会换届应当重新选举全部理事。

第十四条【不得担任慈善组织负责人的情形】有下列情形之一的，不得担任慈善组织的理事长、副理事长和秘书长：

（一）无民事行为能力人、限制民事行为能力人；

（二）曾因故意犯罪被判处刑罚的；

（三）曾因犯罪被判处剥夺政治权利的；

（四）曾在被吊销登记证书或者被撤销登记、被取缔的慈善组织担任负责人，且对该慈善组织的违法行为负有个人责任的。

第十五条【监事】慈善组织可以设监事，由会员大会或者会员代表大会、主要捐赠人选任。理事、理事的近亲属和慈善组织的财务人员、工作人员不得兼任监事。监事三人以上的应当组成监事会。

第十六条【财务管理】慈善组织应当遵守财经纪律，执行国家统一的会计制度，依法进行会计核算，建立健全会计监督制度，并接受政府有关部门依法监督管理。

第十七条【涉外条款】境外非政府组织在中国境内开展慈善活动，应当与中国境内依法登记的慈善组织合作进行，不得自行开展慈善活动。

第十八条【禁止条款】慈善组织及其工作人员不得私分、挪用或者侵占慈善财产。

慈善组织不得接受附加违反国家法律法规条件的赠与，不得接受附加对捐赠人构成利益回报条件等不符合慈善宗旨的赠与。

慈善组织不得从事或者资助危害国家安全和社会公共利益的活动。

第十九条【慈善组织的终止】慈善组织有下列情形之一的，应当终止：

（一）章程规定的终止情形出现；

（二）难以按照章程宗旨继续从事慈善活动；

（三）因分立、合并需要终止；

（四）依法被撤销登记或者吊销登记证书；

（五）应当终止的其他情形。

依法登记的慈善组织终止的，应当在依法清算后申请注销登记。

第二十条【行业组织】慈善组织依法可以成立行业组织，加强行业自律，提高慈善行业公信力，促进慈善事业发展。

第三章　慈善募捐

第二十一条【慈善募捐的定义】本法所称慈善募捐，是指符合条件的慈善组织基于慈善宗旨面向社会或者他人发起的募集、捐赠财产活动。

第二十二条【公开募捐】经原登记机关同级民政部门审核认定，依法登记成立满两年，运作规范、信誉良好，没有受到行政处罚的慈善组织，可以向社会公众公开募捐。

第二十三条【募捐方案】慈善组织开展公开募捐，应当制定募捐方案。募捐方案内容应当包括募捐活动目的、时间和地点、活动负责人姓名和办公地址、接收捐赠方式、银行账户、受益人、所募款物用途、工作经费比例、剩余财产处理方式等。

慈善组织开展公开募捐，应当遵守募捐方案规定。

第二十四条【募捐地域和形式】慈善组织开展公开募捐的地域，应当与其登记的民政部门行政管理区。域相一致。公开募捐可以通过下列方式：

（一）在当地公共场所设置募捐箱；

（二）在当地举办义演、义赛、义卖、义展、义拍、慈善晚会等；

（三）通过当地广播、电视、报刊等公共媒体发布募捐信息；

（四）其他适当方式。

在国务院民政部门登记的慈善组织，可以在全国范围并通过互联网开展公开募捐。

第二十五条【募捐信息公示】慈善组织开展公开募捐，应当在募捐活动现场或者募捐活动载体的显著位置，公布募捐组织名称、募捐方案、联系方式、募捐信息查询方法等。

第二十六条【合作募捐】新闻媒体、企业事业单位等不符合公开募捐条件的组织或者个人，不得自行开展公开募捐，但可以与符合公开募捐条件的慈善组织签订书面合同，合作开展公开募捐，募得款物由该慈善组织管理。

第二十七条【非公开募捐】依法登记的慈善组织根据需要，可以向特定对象募捐。向特定对象募捐的，不得通过广播、电视、报刊、互联网等方式向社会公众募捐。

第二十八条【单位或者城乡社区范围内的募捐】城乡社区、单位可以在本社区、单位内部开展募捐活动。

第二十九条【重大突发事件发生时募捐】发生重大自然灾害、事故灾难、公共卫生事件或者社会安全事件时，有关人民政府应当建立协调机制，提供需求信息，引导慈善组织有序开展募捐和参与救助。

第三十条【禁止情形】慈善组织开展募捐活动，不得摊派或者变相摊派，不得妨碍公共秩序、企业生产及人民生活。

禁止任何组织和个人假冒慈善名义骗取财产。

第四章　慈善捐赠

第三十一条【慈善捐赠定义】本法所称慈善捐赠，是指自然人、法人或者其他组织为了实现慈善目的，向慈善组织或者其他受赠人进行的自愿、无偿赠与财产的活动。

第三十二条【捐赠财产范围】捐赠人捐赠的财产应当是其有权处分的合法财产。

慈善捐赠财产包括资金、实物、有价证券、股权、知识产权等有形或者无形财产。

第三十三条【捐赠非货币财产】捐赠非货币财产，应当以交付时的市场价格计算。捐赠人应当提供证明其财产价值的相关材料；受赠人对捐赠财产的价值有异议的，可以与捐赠人共同委托相关机构评估。

捐赠人捐赠本企业产品的，应当提供产品合格证书或者质量检验证书。

捐赠人捐赠的物品应当具有使用价值，符合有关安全、卫生、环保等方面的规定。

第三十四条【基于经营性活动的捐赠】自然人、法人或者其他组织开展演出、比赛、销售、拍卖等经营性活动，承诺将全部或者部分所得捐赠用于慈善的，应当在举办活动前与慈善组织签订捐赠协议，活动结束后应当按照捐赠协议实施捐赠，并将捐赠结果予以公告。

第三十五条【捐赠票据】慈善组织接受捐赠，应当向捐赠人开具统一印制的捐赠票据。捐赠票据应当载明捐赠人姓名、捐赠财产的种类及数量、慈善组织名称和经办人姓名、票据日期等。捐赠人匿名或者放弃接受捐赠票据，慈善组织应当保留存根并做好相关记录。

第三十六条【捐赠协议】慈善组织接受数额较大的捐赠或者其他受赠人接受捐赠，应当与捐赠人订立捐赠协议，但捐赠人表示不订立捐赠协议的除外。捐赠协议包括捐赠财产的种类、数量、质量、用途、交付时间等内容。

第三十七条【捐赠约定】捐赠人与受赠人约定捐赠财产的用途和受益人时，不得违背慈善宗旨，不得指定其利害关系人作为受益人。

第三十八条【捐赠的履行】捐赠人未履行捐赠义务，有下列情形之一的，受赠人可以要求交付：

（一）捐赠人与受赠人订立书面捐赠协议的；

（二）捐赠人通过广播、电视、报刊、网站等公共媒体公开承诺捐赠的；

（三）捐赠财产用于扶老、助残、恤幼、济困、赈灾等公益活动的。

第三十九条【捐赠人的权利】捐赠人有权向受赠人查询、复制其捐赠财产的管理使用情况，受赠人应当及时答复并提供便利。

受赠人具有违背捐赠意愿，滥用捐赠财产行为的，捐赠人有权要求其改正，也可以向人民法院起诉。

第五章　慈善财产的管理使用

第四十条【慈善组织财产来源】慈善组织的财产包括：

（一）创始财产；

（二）捐赠财产；

（三）政府资助财产；

（四）其他合法收入。

第四十一条【财产保护】慈善组织的财产受法律保护，任何单位和个人不得侵犯。

第四十二条【慈善财产的管理】慈善组织对募集的资金应当专款专用；对募集的非货币财产，应当登记造册，妥善管理。

捐赠人捐赠的非货币财产不易储存、运输或者难以直接用于慈善目的的，慈善组织可以依法拍卖或者义卖，所得收入全部用于约定的捐赠目的。

第四十三条【慈善财产的使用】慈善组织应当依照法律、法规和章程，按照募捐方案或者捐赠协议使用捐赠财产。确需改变捐赠协议约定事项的，应当征得捐赠人同意。

第四十四条【慈善项目】慈善组织应当科学设计慈善项目，优化实施流程，降低运行成本；提高慈善财产使用效益。

慈善组织应当建立项目管理制度，对项目进展情况进行跟踪监督。

第四十五条【慈善组织与受益人的协议】慈善组织可以与受益人签订协议，明确双方权利义务，约定资助和服务方式、资助数额以及资助财产用途等内容。慈善组织有权对资助财产的使用情况进行监督。

第四十六条【委托开展慈善项目】有款物募集优势的慈善组织；可以将募得款物委托有服务专长的慈善组织运作项目。委托方应当与受托方签订协议，约定双方权利义务。

第四十七条【关联交易】慈善组织发生关联交易，不得损害本组织利益和社会公共利益，并应当经决策机构组成人员过半数审议同意，有利害关系的理事不得参加审议。

第四十八条【利益冲突回避】慈善组织决策、执行、监督机构人员及其近亲属不得与该慈善组织有交易行为。

慈善组织确定慈善项目和受益对象时，不得指定与本组织及其决策、监督机构人员有利害关系的人作为受益人。

第四十九条【慈善组织财产的保值增值】慈善组织应当按照合珐、安全、有效的原则，实现财产保值、增值。

慈善组织的投资方案应当经决策机构组成人员三分之二以上多数同意。政府资助的财产和捐赠协议约定不得投资的财产，不得用于投资。

第五十条【慈善组织管理成本】慈善组织开展慈善活动应当厉行节约，按照国务院民政部门有关规定和章程，列支必要的管理成本。捐赠协议对列支管理成本另有约定的，从其约定。

第五十一条【剩余财产的处理】慈善目的已经实现或者慈善项目终止后捐赠财产有剩余的，按照募捐方案的规定或者捐赠协议的约定处理；募捐方案未规定或者捐赠协议未约定的，慈善组织应当将剩余财产用于相近的其他慈善项目，并向社会公示。

第五十二条【财产清算】慈善组织终止，应当进行清算。

慈善组织决策机构应当在民政部门公告其业务活动终止后及时成立清算组进行清算。不成立清算组或者清算组不履行职责的，民政部门可以申请人民法院指定有关人员组成清算组进行清算。

清算后的剩余财产按照章程或者捐赠协议的规定处分；章程或者捐赠协议未规定的，由民政部门主持转赠给宗旨相同或者相近的慈善组织，并向社会公示。

第六章　慈善信托

第五十三条【慈善信托的定义】慈善信托是委托人依法将其财产委托给受托人，由受托人按照委托人意愿以受托人的名义进行管理和处分，开展慈善活动的行为。

第五十四条【慈善信托的设立】设立慈善信托、确定受托人，应当采取书面形式。信托文件要求进行信托登记的，受托人应当将信托文件向县级以上人民政府民政部门登记。

慈善信托设立后，发生设立信托时不能预见的情形，委托人和受托人可以协商变更信托文件中有关条款；但不得违背慈善目的。

第五十五条【受托人的确定及其义务】慈善信托的受托人可以是根据信托文件设立的慈善组织，可以是已成立的慈善组织或者金融机构，还可以是委托人信赖的自然人。

受托人管理和处分信托财产，应当按照信托目的，恪尽职守，履行忠实、信用、谨慎、有效管理的义务。

受托人应当至少每年一次作出信托事务处理情况及财产状况报告。依法登记的慈善信托，应当报送民政部门，并由受托人予以公示。

第五十六条【受托人的变更】受托人违反信托义务或者难以履行职责的，委托人可以变更受托人。委托人死亡、丧失民事行为能力或者放弃变更权的，在民政部门登记的慈善信托，由民政部门变更受托人。

第五十七条【信托监察人的设置和职责】慈善信托根据需要可以设信托监察人。信托监察人由信托文件规定，受托人以及其他信托事务执行人不得兼任信托监察人。

信托监察人对受托人的行为进行监督，依法维护受益人权益。信托监察人发现受托人违反信托义务或者难以履行职责的，应当向委托人或者民政部门提出，并有权以自己的名义提起诉讼。

第五十八条【受益人的确定】慈善信托的受益人按照慈善信托文件确定，但不得指定与委托人、受托人、信托监察人等有利害关系的人作为受益人。

第五十九条【慈善信托财产的使用】慈善信托财产及其收益，不得用于非慈善目的。

第六十条【慈善信托成本】受托人和信托监察人的报酬以及履行职责所需费用，按照信托文件规定从信托财产中支出，并向社会公示。

第六十一条【慈善信托的终止】慈善信托终止的，除信托文件另有规定的外，受托人应当于终止事由发生之日起十五日内，将终止事由和终止日期报告民政部门，并依法进行清算。

第六十二条【剩余财产的处理】慈善信托清算后的剩余财产，信托文件有规定的，从其规定；信托文件未规定的，由委托人决定。

委托人死亡、丧失民事行为能力的，应当经民政部门批准，将剩余财产转赠给宗旨相同或者相近的慈善组织或者其他慈善信托。

第七章 志愿服务

第六十三条【组织、招募志愿者参与慈善活动】慈善组织可以组织志愿者参与慈善活动，提供志愿服务。必要时，可以向社会招募志愿者；招募志愿者，应当公示与慈善活动有关的真实、完整的信息，并告知在志愿服务过程中可能发生的风险。

慈善组织应当与志愿者签订协议，约定志愿服务的内容以及其他权利义务。

第六十四条【志愿者的定义】本法所称志愿者，是指不以获取物质报酬为目的，自愿以自己的时间，用知识、技能和体力开展慈善活动的自然人。

第六十五条【志愿者注册制度与志愿服务记录制度】慈善组织应当建立志愿者注册与志愿服务记录制度，实行志愿者实名注册，记录志愿者的志愿服务时间、服务内容、服务评价等信息。

慈善组织应当对志愿者的个人信息和志愿服务记录保密。志愿者有权要求无偿出具志愿服务记录证明。

第六十六条【志愿者参与志愿服务】志愿者接受慈善组织安排从事志愿服务的，应当服从慈善组织管理，接受必要的培训。

志愿者应当按照约定提供志愿服务。直接服务受益人的，不得泄露受益人的隐私，不得侵害受益人的合法权益。

第六十七条【慈善组织合理安排志愿服务】慈善组织应当安排志愿者从事与其年龄、文化程度、技能和身体状况相适应的志愿服务，并根据需要开展相关培训。

第六十八条【慈善组织的保障义务】慈善组织应当为志愿者开展志愿服务提供必要条件，保障志愿者的合法权益。

慈善组织安排志愿者提供可能发生人身危险的志愿服务前，应当为志愿者购买相应的人身意外伤害保险。

第八章　信息公开

第六十九条【信息公开基本要求】慈善信息公开应当真实、准确、完整、及时，不得有虚假记载、误导性陈述。

第七十条【信息平台】县级以上人民政府应当建立健全慈善信息统计和发布制度。

国务院民政部门应当建立统一的慈善信息系统，县级以上人民政府民政部门应当建立或者指定慈善信息平台，及时向社会公开慈善信息，并为慈善组织等免费提供慈善信息发布服务。

依法登记的慈善组织和慈善信托的受托人应当在前款规定的平台发布慈善信息，并对信息的真实性负责。

第七十一条【政府信息公开内容】县级以上人民政府民政等有关部门应当向社会公开履行职责过程中形成的下列信息：

（一）慈善组织的登记事项；

（二）具有公益性捐赠税前扣除资格的慈善组织名单；

（三）对慈善事业发展的税收优惠、资助补贴等扶持鼓励政策和措施；

（四）购买慈善组织服务信息；

（五）对慈善组织审查、评估结果；

（六）表彰、奖励、处罚结果；

（七）本辖区慈善事业发展年度统计信息。

第七十二条【慈善组织一般信息公开】依法登记的慈善组织应当向社会公开下列信息：

（一）组织章程、组织机构代码、登记证书号码等登记信息；

（二）决策、执行、监督机构成员信息；

（三）年度工作报告、经审计的财务会计报告；

（四）年度开展募捐、接受捐赠总体情况；

（五）年度开展慈善项目总体情况。

具有公益性捐赠税前扣除资格的慈善组织还应当公开资产保值增值以及决策、执行、监督机构负责人薪酬等信息。

慈善组织发生重大事件的，应当及时向社会公开。

第七十三条【募捐信息公开】慈善组织开展公开募捐，应当及时向社会公开募捐情况和慈善项目运作情况。

募捐周期大于六个月的，应当每三个月公开一次募捐情况，募捐活动结束后三个月内应当全面公开募捐情况。

慈善项目运作周期大于六个月的，应当每三个月公开一次项目运作情况，项目结束后三个月内应当全面公开项目运作情况和募得款物使用情况。

第七十四条【对利益相关者的信息公开】捐赠人有权要求查询、复制其捐赠财产的情况；捐赠财产价值较大的，慈善组织应当及时主动向捐赠人反馈有关情况。

慈善组织应当向受益人公开其资助标准、工作流程和工作规范等信息。

第七十五条【向特定对象募捐的信息公开】慈善组织向特定对象募捐的，应当及时向捐赠人告知募捐情况、募得款物的管理使用情况。

第七十六条【单位或者城乡社区内部的信息公开】城乡社区、单位内部募集款物，开展慈善活动的，应当在本社区、单位内部及时公开款物募集和使用情况。

第七十七条【慈善信托的信息公开】慈善信托的受托人应当根据信托文件和委托人、监察人的要求，及时报告信托事务处理情况、信托财产管理使用情况。依法登记的慈善信托的受托人应当每年至少一次将信托事务处理情况及财务状况向民政部门报告，并向社会公告。

第七十八条【信息保密】涉及国家安全、个人隐私、商业秘密的信息以及法律、行政法规规定不予公开的其他信息，不得公开。

慈善组织应当对捐赠人和受益人的姓名、名称、住所等信息予以保密，但捐赠人和受益人同意公开的除外。

第九章　促进措施

第七十九条【政府职责】县级以上人民政府应当根据本法和当地经济社会发展情况，制定促进慈善事业发展的规划、政策和措施。

县级以上人民政府及其有关部门应当在各自职责范围内，向慈善组织、捐赠人等提供慈善需求信息，为慈善活动提供指导和帮助。

第八十条【慈善信息资源共享机制】县级以上人民政府民政部门应当建立与其他部门之间的慈善信息共享机制，建立和完善与慈善组织、社会服务机构之间的衔接机制。

第八十一条【慈善组织税收优惠】慈善组织依法享受税收优惠。

慈善组织的经营性收入、投资收益，用于符合其宗旨的慈善活动并且符合相关支出标准的，依法享受税收优惠。

第八十二条【捐赠人税收优惠】自然人、法人或者其他组织捐赠财产、设立慈善信托用于慈善事业的，依法享受税前扣除。

第八十三条【捐赠税前扣除结转】企业慈善捐赠支出超过年度利润总额规定额度的部分，允许结转以后年度扣除；个人捐赠支出超出应纳税所得额规定额度的部分，允许结转以后月份扣除。

结转以后最长扣除时间由国务院财政、税务部门会同民政部门规定。

第八十四条【受益人税收优惠】受益人接受捐赠或者服务，依法享受所得税、增值税等税收优惠。

第八十五条【涉外捐赠税收优惠】境外捐赠用于慈善活动的物资，依法减征或者免征进口关税和进口环节增值税。

第八十六条【鼓励发展慈善信托】国家鼓励发展慈善信托。慈善信托依法享受税收优惠。

第八十七条【免征相关行政费用】捐赠人向慈善组织捐赠实物、有价证券、股权或者知识产权的，免征权利转让的相关行政性费用。

第八十八条【税收优惠手续】国务院财政、税务部门会同民政部门制定慈善组织、捐赠人、受益人税收优惠以及公益性捐赠税前扣除资格的认定条件和程序。

慈善组织、捐赠人、受益人依法享受税收优惠的，财政、税务部门应当及时办理相应税收优惠手续。对财务管理规范、信誉良好的慈善组织，财政、税务部门可以免予审核，立即办理相应税收优惠手续。

第八十九条【土地优惠】慈善组织开展扶贫、济困、助残、养老等服务必需建设的服务设施，可以使用国有划拨土地或者农民集体建设用地。慈善服务设施用地非经法定程序不得改变用途。

第九十条【金融支持】国家为慈善事业提供金融政策支持。金融机构应当为慈善组织提供信贷、结算等方面支持。

第九十一条【政府购买服务】县级以上人民政府及其有关部门可以通过购买服务等方式支持慈善组织向社会提供服务。

政府购买服务，应当优先选择信誉良好的慈善组织，并将购买服务的项目目录、服务标准、资金预算等信息向社会公布。

第九十二条【慈善文化培育】国家采取措施弘扬慈善文化和慈善精神，培育全民慈善和社会责任意识。

学校及其他教育机构应当将慈善文化纳入公民教育内容，国家鼓励高等学校设置慈善相关专业学科，支持高等学校和科研机构开展慈善理论研究。

广播、电影、电视、报刊、网站等公共媒体应当积极开展慈善宣传活动，普及慈善知识，传播慈善文化。

第九十三条【企业事业单位支持】国家鼓励企业事业单位为开展慈善活动提供场所和其他便利条件。

第九十四条【捐赠人留名纪念】捐赠人对其捐赠的慈善项目可以留名纪念，法律、法规规定需要批准的，从其规定。

第九十五条【志愿者优待】国家建立志愿者注册、志愿服务记录和评价制度，鼓励机关、企业事业单位和其他组织对有良好服务记录的注册志愿者在招工、升学等方面给予优待。

第九十六条【志愿者有关保障】国家鼓励慈善组织为志愿者购买保险，鼓励保险公司承保。

国家鼓励设立志愿者救助基金，救助因从事志愿服务活动遇到特殊困难的志愿者。

第九十七条【慈善优先服务】对慈善事业发展做出较大贡献的自然人，其本人或者家庭今后遇到生活困难需要帮助时，优先获得慈善帮助。

第九十八条【宗教慈善】国家鼓励宗教团体和宗教活动场所依法开展慈善活动，但不得利用慈善活动传播宗教。

第九十九条【表彰奖励】国家建立慈善表彰制度，表彰在慈善事业发展中做出突出贡献的自然人、法人或者其他组织。

第十章　监督管理

第一百条【民政部门职责】县级以上人民政府民政部门应当依法履行下列职责：

（一）制定有关慈善事业监督管理的规章、规则；

（二）对慈善组织及其活动进行监督管理；

（三）对慈善组织开展募捐活动、管理使用财产、履行信息公开、实施慈善项目等情况进行专项检查；

（四）对慈善行业组织进行指导和监督；

（五）对慈善信托进行监督管理；

（六）对慈善组织及其工作人员违反法律、行政法规的行为进行查处；

（七）法律、行政法规规定的其他职责。

民政部门依法履行职责时，有关单位和个人应当予以配合。

第一百零一条【民政部门可以采取的强制措施】县级以上人民政府民政部门依法履行职责，有权采取下列措施：

（一）对慈善组织的住所和违法行为发生地进行现场检查；

（二）采取记录、复制、录音、录像、照相等手段取得与履行职责有关的证据；

（三）向有关单位和个人调查、询问有关情况；

（四）要求慈善组织作出说明，查阅、复制有关文件、证明账簿、电子数据及其他资料，根据需要对印章和有关资料进行临时封存，对涉嫌违法活动的场所、物品进行查封、扣押；

（五）对慈善组织实施财务审查，查询慈善组织的银行账户，有证据证明慈善组织及其工作人员可能转移或者隐匿违法资金的，可以对相关账户予以冻结；

（六）法律、行政法规规定的其他措施。

查询、冻结银行账户的，应当经省级以上人民政府民政部门主要负责人批准。

第一百零二条【民政部门的保密义务】民政部门在履行监督检查或者调查职责时，应当对慈善组织、捐赠人和受益人的有关信息资料予以保密。

第一百零三条【财政税务部门职责】县级以上人民政府财政、税务部门依法对慈善组织、慈善信托的财务会计、享受税收优惠和使用公益事业捐赠统一票据等情况进行监督管理。

第一百零四条【审计部门职责】县级以上人民政府审计部门依法对慈善组织中政府资助财产的管理使用情况进行审计。

第一百零五条【其他业务主管部门职责】县级以上人民政府教育、科学、文化、卫生、体育、环境保护等部门在各自职责范围内对慈善活动进行监督管理。

第一百零六条【年度报告制度】依法登记的慈善组织应当于每年3月31日前向民政部门报送上一年度工作报告、经审计的财务会计报告、年度开展募捐、慈善项目、接受捐赠总体情况以及民政部门要求提供的其他材料。

第一百零七条【信用记录和评价】县级以上人民政府民政部门应当建立慈善组织及其负责人信用档案，并向社会公布。

第一百零八条【审查、评估制度】民政部门应当建立慈善组织审查、评估制度，自行实施或者委托第三方对慈善组织进行审查、评估。

第一百零九条【行业监督】慈善行业组织应当建立健全行业规范和惩戒规则，依照规定可以对慈善组织进行监督。

第一百一十条【捐赠人和受益人的监督】捐赠人或者受益人对捐赠财产及其使用情况、慈善组织提供的服务有异议的，可以向慈善组织和其他受赠人核实；经核实仍有异议的，捐赠人或者受益人可以向有关部门反映，也可以向人民法院起诉。

第一百一十一条【公共媒介的职责】广播、电视、报刊及互联网信息服务提供者、电信运营商，应当对利用其平台开展慈善活动的慈善组织的合法性进行验证。

第一百一十二条【社会监督】任何单位、个人发现慈善组织存在违法行为或者其他组织、个人违法募捐的，可以向慈善行业组织或者民政等有关部门投诉、举报。慈善行业组织或者民政等有关部门接受投诉、举报后，应当及时调查处理。

国家鼓励公众、媒体对慈善活动进行监督，对假冒慈善名义骗取钱财或者慈善组织违法违规等行为予以曝光，发挥舆论和社会监督作用。

第十一章　法律责任

第一百一十三条【慈善组织、慈善信托责任之一】慈善组织、慈善信托有下列情形之一的，由民政等有关部门予以警告、责令停止违法行为或者责令限期停止活动；情节严重的，吊销登记证书。有违法所得的，没收违法所得，并可以对直接负责的主管人员和其他直接责任人员处违法所得一倍以上五倍以下罚款。违反治安管理处罚法的，依法予以治安管理处罚；构成犯罪的，依法追究刑事责任：

（一）从事、资助危害国家安全和社会公共利益活动的；

（二）接受附加违反国家法律法规条件或者对捐赠人构成利益回报等不符合慈善宗旨的赠与的；

（三）违背慈善宗旨资助以营利为目的活动的；

（四）弄虚作假骗取税收优惠的；

（五）违反利益冲突回避规定的；

（六）工作人员私分、挪用或者侵占慈善财产的；

（七）清算组成员利用职权侵占慈善财产的；

（八）泄露国家秘密、商业秘密的；

（九）未经同意，泄露捐赠人、志愿者、受益人个人隐私，造成严重后果的；

（十）其他违反法律、行政法规的行为。

第一百一十四条【慈善组织、慈善信托责任之二】慈善组织、慈善信托有下列情形之一的，由民政等有关部门予以警告、责令停止违法行为或者责令限期停止活动；有违法所得的，没收违法所得，并可以对直接负责的主管人员和其他直接责任人员处违法所得二倍以下罚款；情节严重的，吊销登记证书：

（一）未按照宗旨和业务范围开展慈善活动的；

（二）未履行信息公开义务或者公布虚假信息的；

（三）未按照规定进行年度报告、接受审计等监督管理的；

（四）连续两年未开展慈善活动的；

（五）擅自改变捐赠财产用途的；

（六）将不得用于投资的财产用于投资的；

（七）违反规定从事关联交易、投资活动的；

（八）未依法向捐赠人出具捐赠票据的；

（九）未依法出具志愿服务记录证明的；

（十）未依法答复捐赠人对其捐赠财产使用信息查询要求的；

（十一）其他违反法律、行政法规的行为。

第一百一十五条【违反募捐规定的责任】开展募捐活动有下列情形之一的，由民政部门予以警告、责令停止募捐活动；拒不改正的，责令限期停止活动；情节严重的，吊销登记证书；可以对直接负责的主管人员和其他直接责任人员处二十万元以下罚款。违反治安管理处罚法的，依法予以治安管理处罚：

（一）符合公开募捐条件的慈善组织开展公开募捐，未按规定报送募捐方案、超出地域范围或者违反公共秩序、干扰企业生产、人民生活的；

（二）不符合公开募捐条件的组织或者个人擅自公开募捐的；

（三）慈善组织向单位或者个人摊派或者变相摊派的。

城乡社区、单位在本社区、单位以外开展募捐活动的，由民政部门予以警告、责令停止募捐活动。违反治安管理处罚法的，依法予以治安管理处罚。

慈善组织、城乡社区、单位违法募集的财产，民政部门应当责令其退还捐赠人；难以退还的，由民政部门交由其他慈善组织用于慈善事业。

第一百一十六条【输送不正当利益的责任】慈善组织向其他单位或者个人输送不正当利益，造成慈善组织损失的，由民政部门对直接负责的主管人员和其他直接责任人员以及接受不正当利益的单位或者个人，处输送的不正当利益一倍以上三倍以下罚款。

第一百一十七条【政府部门及其工作人员的责任】对慈善活动负有监督管理职责的人民政府有关部门及其工作人员有下列情形之一的，由上级机关或者监察机关责令改正，并可以对直接负责的主管人员和其他直接责任人员依法给予处分；构成犯罪的，依法追究刑事责任：

（一）不履行对慈善活动监管职责，造成严重后果的；

（二）违反信息公开义务的；

（三）摊派或者变相摊派捐赠任务，强行指派志愿者、慈善组织提供服务的；

（四）违法实施行政强制措施和行政处罚的；

（五）私分、挪用、侵占慈善财产的；

（六）有其他滥用职权、玩忽职守、徇私舞弊行为的。

第一百一十八条【假冒慈善名义骗取财产的责任】假冒慈善名义骗取财产的，由公安等部门依法查处。构成犯罪的，依法追究刑事责任。

第一百一十九条【捐赠人违约责任】捐赠人未履行捐赠义务，造成受赠人损害的，依法承担民事责任。

第一百二十条【受益人违约责任】受益人未按照协议使用资助财产或者有其他严重违反协议情形的，慈善组织有权要求其改正；拒不改正的，慈善组织有权解除协议，也可以向人民法院起诉。

第一百二十一条【慈善志愿服务有关责任】志愿者参加慈善组织安排的活动，造成受益人、第三人人身、财产损害的，由慈善组织依法承担赔偿责任；志愿者有故意或者重大过失的，慈善组织可以向其追偿。

第十二章　附则

第一百二十二条【生效日期】本法自　年　月　日施行。

参考文献

一　著作类

[1]　［美］贝克尔：《人类行为的经济分析》，王业宇等译，上海人民出版社1995年版。

[2]　［美］布鲁克斯：《谁会真正关心慈善》，王青山译，社会科学文献出版社2008年版。

[3]　邓国胜：《非营利组织评估》，社会科学文献出版社2001年版。

[4]　邓大松、林毓铭、谢圣远：《社会保障理论与实践发展研究》，人民出版社2007年版。

[5]　国家质检总局质量管理司、清华大学中国企业研究中心：《中国顾客满意指数指南》，中国标准出版社2003年版。

[6]　郭志刚：《社会统计分析方法——SPSS软件的应用》，中国人民大学出版社1999年版。

[7]　郝如一：《红十字运动与慈善文化》，广西师范大学出版社2010年版。

[8]　侯杰泰、温忠麟、成子娟：《结构方程模型及其应用》，教育科学出版社2004年版。

[9]　黄芳铭：《结构方程模式理论与应用》，中国税务出版社2005年版。

[10]　［美］罗纳德·扎加、［美］约翰尼·布莱尔：《抽样调查设计导论》，重庆大学出版社2007年版。

[11]　［芬］里斯托·雷同能、［芬］E. 帕金能：《复杂调查设计与分析的实用方法》，重庆大学出版社2008年版。

[12]　［法］卢梭：《孤独散步者的遐想》，华龄出版社1996年版。

［13］刘鹤玲：《所罗门王的魔戒：动物利他行为与人类利他主义》，科学出版社 2008 年版。

［14］阮智富、郭现：《现代汉语大词典》，汉语大词典出版社 2002 年版。

［15］《马克思恩格斯选集》第 1 卷，人民出版社 1995 年版。

［16］宋希仁主编：《伦理学大词典》，吉林人民出版社 1989 年版。

［17］吴明隆：《结构方程模式——Simplis 的应用》，五南图书出版公司 2008 年版。

［18］徐麟：《中国慈善事业发展研究》，中国社会出版社 2005 年版。

［19］周秋光、曾桂林：《中国慈善简史》，人民出版社 2006 年版。

［20］赵新彦：《试析慈善行为中的责任意识》，载上海市慈善基金会、上海慈善事业发展研究中心编《转型期慈善文化与社会救助》，上海社会科学院出版社 2006 年版。

［21］WiLson, E. O., *Sociology: The New Synthesis*, Cambridge, Mass: Harvaxd University Press, 1976.

［22］Yan, Yunxiang, *The Flow of Gifts – Reciprocity and Social Networks in a Chinese Village*, Standford /California: Stanford University Press, 1996.

［23］Wyrme – Edwards, V. C, *Animal Dispersion in Relation to Social Behaviour*, Edinburgh: Oliver & Boyd, 1962.

二　论文类

［1］陈端计、杭丽：《第三配置视角下慈善经济发展失效的制度修正：基于税收政策视阈》，《云南财经大学学报》2010 年第 1 期。

［2］蔡佳利：《家计单位捐赠行为之研究》，硕士学位论文，台湾世新大学，2005 年。

［3］陈浩天：《城乡人口流动背景下农村地区人情消费的行为逻辑——基于河南省 10 村 334 个农户的实证分析》，《财经问题研究》2011 年第 7 期。

［4］崔树银、朱玉知：《慈善组织的公信力建设浅析》，《社会工作》

2009 年第 4 期。

[5] 陈伦华、莫生红：《从问卷调查看我国公民的慈善价值观》，《现代经济（现代物业下半月刊）》2007 年第 6 期。

[6] 蔡勤禹、江宏春、叶立国：《慈善捐赠机制述论》，《苏州科技学院学报》（社会科学版）2009 年第 1 期。

[7] 陈新春：《开发我国个人慈善的途径初探》，《当代经济》2009 年第 10 期。

[8] 陈荞：《慈善总会否认受郭美美影响　捐赠额或与去年持平》，《京华时报（北京）》2011 年 9 月 22 日。

[9] 丁美东：《个人慈善捐赠的税收激励分析与政策思考》，《当代财经》2008 年第 7 期。

[10] 董文杰：《影响慈善行为因素分析及改进措施》，硕士学位论文，陕西师范大学，2009 年。

[11] 段文婷、江光荣：《计划行为理论述评》，《心理科学进展》2008 年第 2 期。

[12] 冯俊资：《慈善捐赠的税收优惠政策研究》，硕士学位论文，暨南大学，2010 年。

[13] 方贵跃：《我国慈善捐赠机制探析》，硕士学位论文，厦门大学，2009 年。

[14] 高功敬、高鉴国：《中国慈善捐赠机制的发展趋势分析》，《社会科学》2009 年第 12 期。

[15] 黄镔云：《福建省部分农村进城务工人员回乡捐赠行为研究》，硕士学位论文，厦门大学，2007 年。

[16] 何汇江：《慈善捐赠的动机与行为激励》，《商丘师范学院学报》2006 年第 3 期。

[17] 洪江、张磊：《私人慈善捐赠的经济学分析》，《上海市经济管理干部学院学报》2008 年第 3 期。

[18] 胡明伟：《"5·12"慈善捐赠信息公开的必要性及对策研究》，《山西档案》2010 年第 1 期。

[19] 贺立平：《慈善行为的经济分析》，《北京科技大学学报》（社会

科学版）2004 年第 2 期。

[20] 江希和：《有关慈善捐赠税收优惠政策的国际比较》，《财会月刊（综合）》2007 年第 7 期。

[21] 靳东升：《非政府组织所得税政策的国际比较》，《涉外税务》2004 年第 10 期。

[22] 刘美萍：《当前我国慈善捐赠不足的原因及对策研究》，《行政与法》2007 年第 3 期。

[23] 刘澄、刘志伟、叶波：《改进中国慈善捐赠的制度安排》，《国际经济评论》2006 年第 5 期。

[24] 刘新玲：《论个体慈善行为的基础》，《福州大学学报》（哲学社会科学版）2006 年第 4 期。

[25] 刘艳明：《居民慈善捐赠行为研究——以长沙市 P 社区为例》，硕士学位论文，中南大学，2008 年。

[26] 林良池：《辽宁省城市居民住房保障需求调查》，硕士学位论文，东北大学，2010 年。

[27] 刘孝龙：《我国慈善捐助的现状分析》，《郑州航空工业管理学院学报》（社会科学版）2009 年第 1 期。

[28] 刘景：《试论慈善事业在社会保障体系中的作用》，《社会工作》2007 年第 6 期。

[29] 刘武、杨晓飞、张进美：《城市居民慈善行为的群体差异——以辽宁省为例》，《东北大学学报》（社会科学版）2010 年第 5 期。

[30] 罗公利、刘慧明、边伟军：《影响山东省私人慈善捐赠因素的实证分析》，《青岛科技大学学报》（社会科学版）2009 年第 3 期。

[31] 陆岩：《普通公众捐赠行为特征分析》，硕士学位论文，兰州大学，2009 年。

[32] 刘鹤玲：《亲缘、互惠与驯顺：利他理论的三次突破》，《自然辩证法研究》2000 年第 3 期。

[33] 刘天翠：《居民慈善捐赠行为影响因素研究——以辽宁省为

例》，硕士学位论文，东北大学，2011 年。

[34] 陆镜生：《中西方慈善思想异同刍议》，《慈善》2001 年第
2 期。

[35] 梅芳：《基于理性经济人假设的比尔·盖茨慈善行为分析》，
《现代农业》2007 年第 8 期。

[36] 孟涛：《礼金、理性与农民随礼行为——一项关于农村社区随礼
现象的实证研究》，硕士学位论文，山东大学，2006 年。

[37] 孟兰芬：《倡导平民慈善的意义及其实现途径》，《吉首大学学
报》（社会科学版）2007 年第 4 期。

[38] 马小勇、许琳：《慈善行为的经济学分析》，《西北大学学报》
（社会科学版）2001 年第 4 期。

[39] 牛娜：《农村家庭人情消费行为的影响因素分析》，《江西农业
大学学报》（社会科学版）2010 年第 1 期。

[40] 秦东：《"慈善行为"受阻的非经济因素分析》，《社刊纵横》
2008 年第 1 期。

[41] 史铮：《电话调查：一项新兴的社会调查方法》，《统计与预测》
2003 年第 6 期。

[42] 单玉华：《中华民族的慈善传统与现代慈善事业》（http://
cpc. people. com. cn）。

[43] 汤仙月：《论我国转型期慈善文化的构建——以中西慈善文化比
较的视角》，《南方论坛》2010 年第 6 期。

[44] 涂碧：《试论中国的人情文化及其社会效应》，《山东社会科学》
1987 年第 4 期。

[45] 王小波：《试论普通人参与慈善事业的意义、影响因素及其途
径》，《道德与文明》2006 年第 2 期。

[46] 王银春：《中国特色社会主义慈善观建构的伦理反思》，《思想
理论教育》2011 年第 9 期。

[47] 王锐：《论中国慈善捐赠的制度环境》，硕士学位论文，中国政
法大学，2008 年。

[48] 吴燕：《重视个人捐赠，促进慈善事业可持续发展》，《西安财

经学院学报》2008 年第 1 期。

[49] 王国川：《计划行为理论各成分量表之设计、发展与建立——以青少年无照骑车行为之研究为例》，《师大学报》1998 年第 2 期。

[50] 王征兵：《"不任意资金"与慈善捐赠》，《学术研究》2003 年第 1 期。

[51] 武晋晋、黎志文：《慈善捐赠行为的经济学分析》，《经济视角（下）》2010 年第 5 期。

[52] 许琳、张晖：《关于我国公民慈善意识的调查》，《南京社会科学》2004 年第 5 期。

[53] 杨高举、王征兵、杨现：《慈善捐赠：实验调查的计量分析》，《中国科技论文在线》2007 年第 6 期。

[54] 杨明伟：《公民慈善意识及影响因素分析——在济南市的调查》，硕士学位论文，山东大学，2007 年。

[55] 杨林：《沈阳市金山社区随礼现象研究》，《科技信息》2007 年第 17 期。

[56] 俞李莉：《中美个人捐赠的比较研究》，《华商》2008 年第 20 期。

[57] 杨优君、刘新玲：《社会转型期我国公民慈善捐赠现状分析》，《学会》2007 年第 10 期。

[58] 余文杏：《英语教学中学生自我效能的培养》，《广东教育》2005 年第 11 期。

[59] 杨方方：《慈善文化与中美慈善事业之比较》，《山东社会科学》2009 年第 1 期。

[60] 张寒：《中国式慈善六岁了》，《中国西部》2009 年第 Z4 期。

[61] 赵海林：《个人慈善捐赠模式探析》，《淮阴师范学院学报》（哲学社会科学版）2010 年第 2 期。

[62] 张楠，张超：《我国个人捐赠消费影响因素探讨》，《消费导刊》2008 年第 4 期。

[63] 张进美、刘武：《城市居民慈善认知状况及应对策略分析——以

辽宁省 14 市数据为例》，《社会保障研究》2010 年第 6 期。

[64] 张进美、刘天翠、刘武：《基于计划行为理论的公民慈善捐赠行为影响因素分析——以辽宁省数据为例》，《软科学》2011 年第 8 期。

[65] 邹小芳：《我国慈善行为的利他主义经济学分析》，《科技创业》2008 年第 3 期。

[66] 张俊：《利他主义视角下的城市志愿者参与动机研究》，硕士学位论文，北京交通大学，2009 年。

[67] 张北坪：《困境与出路：反思慈善捐赠活动中的"道德胁迫"现象》，《西南大学学报》（社会科学版）2010 年第 6 期。

[68] 翟清菊：《仪式与礼单：农民随礼行为中的互惠原则——基于上海市奉贤区 N 村的实证研究》，硕士学位论文，华东师范大学，2011 年。

[69] 郑乐平：《如何提高社会志愿参与度》，《社会观察》2006 年第 5 期。

[70] 《慈善：财富的"第三次分配"》（http：//view. news. qq. com/a/20050520/000001. htm）。

[71] 《国家统计局 2011 年数据 21—31 社会捐赠情况（http：//www. stats. gov. cn/tjsj/ndsj/2011/indexch. htm）。

[72] 《"郭美美"事件后慈善组织受捐额剧降 慈善公信力急速下降》（http：//www. sz. net. cn/firstpage/2011—08/26/content_2745812. htm）。

[73] 胡锦涛：《充分调动各方面积极性 发展中国慈善事业》（http：//mzzt. mca. gov. cn/article/csdh/xwdt/200812/20081200023247. sht-ml）。

[74] 《捐赠和捐献怎么区分》（http：//wenwen. soso. com/z/q232647238. htm? ri = 1000&rq = 107084942&uid = 0&pid = w. xg. yjj&ch = w. xg. llyjj）。

[75] 辽宁省统计局：《2008 年辽宁省统计年鉴》（http：//www. ln. stats. gov. cn/tjsj/sjcx/ndsj/201412/t20141229_ 1514529. html）。

［76］ 马怡冰：《红会捐赠信息披露状况调查　重庆等6省份未见捐赠信息》，《公益时报》2011年8月9日。

［77］ 民政部社会福利和慈善事业促进司、中民慈善捐助信息中心：《2008年度中国慈善捐助报告》（http：//gongyi. sina. com. cn/z/jzbg/）。

［78］ 《谁来执掌760亿元地震捐赠》（http：//news. sina. com. cn/o/2009 - 08 - 13/033016113427s. shtml）。

［79］ 汤凯锋：《网易彩民中863万元大奖因郭美美事件拒绝捐款》，《南方日报》2011年9月26日。

［80］ 王来柱：《中国需要从"熟人慈善"走向"公民慈善"》（http：//news. sohu. com/20051129/n227616541. shtml）。

［81］ 新浪网：《中国公众公益捐赠现状调查报告》（http：//gongyi. sina. com. cn/jzdiaocha/index. html）。

［82］ 徐永光：《公开善款去向还需明确违规罚则》（http：//news. 163. com/10/0104/14/5S6LIM69000120GR. html 2010 - 08 - 03）。

［83］ 《行为的基本含义》（http：//blog. sina. com. cn/sblog_ 48e627e f010002mp. html）。

［84］ 《中国公众公益捐赠现状调查报告》（http：//gongyi. sina. com. cn/ jzdiaocha/index. html）。

［85］ 中华慈善总会：《2008年中华慈善总会工作总结报告》，（http：//cszh. mca. gov. cn/article/zhjb/200902/20090200026734. shtml）。

［86］ 朱小燕：《专家解读慈善法草案内容：将重新界定慈善行为》（http：//china. zjol. com. cn/05china/system/2007/09/03/008762858. shtml）。

［87］ 《国务院关于促进慈善事业健康发展的指导意见》（http：//hunancs. mca. gov. cn/article/zcfg/201507/20150700844207. shtml）。

［88］ 《中华人民共和国公益事业捐赠法》（http：//www. gov. cn/ziliao/ flfg/ 2005 - 10/ 01/content_ 74087. htm）。

[89]《中华人民共和国慈善事业法（草案）》（http：//hunancs. mca. gov. cn/article/zcfg/201507/20150700842659. shtml）。

[90] Ajzen, I. . *From intentions to actions：A theory of planned behavior.* In J. Kuhl & J. Beckman（Eds.）, *Action – Control：From Cognition to Behavior*, Heidelberg：Springer – Verlag, 1985.

[91] Ajzen, I. , "The theory of planned behavior", *Organizational Behavior and Human Decision Processes*, No.50, 1991.

[92] Alan Radley, Marie Kennedy, "Charitable Giving by Individuals：A Study of Attitudes and Practice", *Human Relations*, Vol. 48, No.6, June 1995.

[93] Arthur C. Brooks, "The effects of public policy on private charity", Administration & Society, Vol.36, No.2, May 2004.

[94] Andreoni, J. , "Giving with Impure Altruism：Applications to Charity and Ricardian Equivalence", *The Journal of Political Economy*, Vol.97, No.6, 1989.

[95] Andreoni, J. , "Impure Altruism and Donations to Public Goods：A Theory of Warm – Glow Giving", *The Economic Journal*, Vol. 100, No.401, June 1990.

[96] Bengt O. Muth'én, *Mpuls statistica analysis with latent wariables technical appendices*, Los Angeles, CA：Muth'én & Muth'én, 2004.

[97] David M. Van Slyke and Arthur C. Brooks, "Why Do People Give? New Evidence and Strategies for Nonprofit Managers", *American Review of Public Administration*, Vol.35, No.3, September 2005.

[98] Debra J. Mesch, Melissa S. Brown, Zachary I. Moore, Amir Daniel Hayat, "Gender Differences in Charitable Giving", *International Journal of Nonprofit and Voluntary Sector Marketing*, Volume 16, Issue 4, November 2011.

[99] Donna D Bobek, Richard C Hatfield, "An Investigation of the Theory of Planned Behavior and the Role of Moral Obligation in Tax Compliance", *Behavioral Research in Accounting*, Vol. 15, 2003.

[100] Donna M. Randall, Annetta M. Gibson, "Ethical Decision Making in the Medical Profession: An Application of the Theory of Planed Behavior", *Journal of Business Ethics*, Vol. 10, No. 2, 1991.

[101] Dieter K Tscheulin, Jörg Lindenmeier, "The Willingness to Donate Blood: An Empirical Analysis of Socio – Demographic and Motivation – Related Determinants", *Health Services Management Research*, Vol. 18, No. 3, 2005.

[102] David C. Ribar, Mark O. Wilhelm, "Altruistic and Joy – of – Giving Motivations in Charitable Behavior", *Journal of Political Economy*, Vol. 110, No. 2, 2002.

[103] Eleanor Brown, James M. Ferris, "Social Capital and Philanthropy: An Analysis of the Impact of Social Capital on Individual Giving and Volunteering", *Nonprofit and Voluntary Sector Quarterly*, Vol. 36, No. 1, March 2007.

[104] F. B. Baker, S. Kim, *Item Response Theory: Parameter Estimation Techniques*, New York: Marcel Dekker, Inc, 2004.

[105] Fishbein M, A. I., *Belief, Attitude, Intention, and Behavior: An Introduction to Theory and Research Reading*, MA: ddison – Wesley, 1975.

[106] Gerald E. Auten, Holger Sieg, Charles T. Clotfelter, "Charitable Giving, Income, and Taxes: An Analysis of Panel Data", The American Economic Review, Vol. 92, No. 1, March 2002.

[107] Icek Ajzen. Constructing a Tpb Questionnaire: Conceptual and Methodological Considerations (http://www.eople.mass.edu.aizen/pdf.tpb.measurement.pdf).

[108] James Andreoni, Eleanor Brown, Isaac Rischall, "Charitable Giving by Married Couples: Who Decides and Why Does it Matter?", *The Journal of Human Resources*, Vol. 38, No. 1, 2003.

[109] Jill Francis, Martin Eccles, Marie Johnston, et al., *Theory of Planned Behaviour Questionnaires: Mannual for Researchers*, unites

kingdom: centre for health services research, university of Newcastle, 2004.

[110] Kathryn S. Steinberg, Patrick M. Rooney, "America Gives: A Survey of Americans' Generosity after September 11", *Nonprofit and Voluntary Sector Quarterly*, Vol. 34, No. 1, March 2005.

[111] Kulwant Singh, Siew Meng Leong, Chin Tiong Tan, et al., "A Theory of Reasoned Action Perspective of Voting Behavior: Model and Empirical Test", *Psychology & Marketing*, Vol. 12, No. 1, 1995.

[112] Michael O'Neil, "Research on Giving and Volunteering: Methodological Considerations", *Nonprofit and Voluntary Sector Quarterly*, Vol. 30, No. 3, September 2001.

[113] M. Giles, C. McClenahan, E. Cairns & J. Mallet, "An application of the Theory of Planned Behaviour to blood donation: the importance of self – efficacy", *Health Education Research*, Vol. 19, No. 4, 2004.

[114] Melissa K. Hyde, Katherine M. White, "To Be a Donor or Not to Be? Applying an extended Theory of Planned Behavior to Predict Posthumous Organ Donation Intentions", *White Journal of Applied Social Psychology*, Vol. 39, No. 4, 2009.

[115] Neeli Bendapudi, Surendra N. Singh, Venkat Bendapudi, "Enhancing Helping Behavior: An Integrative Framework for Promotion Planning" *The Journal of Marketing*, Vol. 60, No. 3, July1996.

[116] Paul C. Light, *How Americans View Charities: A Report on Charitable Confidence*, 2008, Washington: *Governance Studies at Brookings*, 2008 (www. brookings. edu).

[117] Rita Kottasz, "Difference in the Donor Bahavior Characteristics of Young Affluent Males and Females: Empirical Evidence From Britain", *International Journal of Voluntary and Nonprofit Organizations*, Vol. 15, No. 2, June 2004.

[118] Robert Trivers, "The Evolution of Reciprocal Altruism", *The Quarterly Review of Biology*, Vol. 46, No. 1, 1971, pp. 35 – 57.

[119] Shih – Ying Wu, Jr – Tsung Huang, An – Pang Kao, "An Analysis of the Peer Effects in Charitable Giving: The Case of Taiwan", *Journal of Family and Economic Issues*, Vol. 25, No. 4, 2004.

[120] Scott Dawson, "Four Motivations For Charitable Giving: Implications For Marketing Strategy to Attract Monetary Donations for Medical Research", *Journal of Health Care Marketing*, Vol. 8, No. 2, June 1988.

[121] WIM VAN BREUKELEN, RENE' VAN DER VLIST, HERMAN STEENSMA, "Voluntary Employee Turnover: Combining Variables from the 'Traditional' Turnover Literature with the Theory of Planned Behavior", *Journal of Organizational Behavior J*, No. 24, 2004.

[122] Ya – Yueh Shih, Kwoting Fang, "Customer Defections Analysis: An Examination of Online Bookstores", *The TQM Magazine*, Vol. 17, No. 5, 2005.

后　记

　　我对慈善问题的关注始于 2007 年，当时，还是一名在读硕士研究生。课本中与慈善相关的理论深深吸引了我的目光，而社会生活中的一个个慈善救助的鲜活案例更是将我也拉上了从善之路。于是，除了攻读硕士学位期间积极参加导师申报的慈善课题研究外，我还身体力行，参加到辽宁省红十字会志愿组织中，定期参加他们组织的慈善活动，做志愿服务。正是由于理论和社会实践的双重推动，我的硕士学位论文最终决定选取居民慈善行为这个主题展开研究。

　　博士研究生入学后，我对慈善问题的研究兴趣有增无减。于是，我将自己攻读博士学位期间的研究主题确定为慈善问题。尤其是在陆续发表几篇以"慈善"为主题的论文后，并结合硕士学位论文的相关研究成果及其研究局限，我最终将"慈善捐款行为"确定为自己的研究大方向。攻读博士学位期间，正因为恩师刘武教授、李坚教授、邓大松教授、李月娥副教授、黄一坤副教授、刘钊老师、王学工老师、孟繁元老师等对我进行规范而严格的科研训练，并对我的研究主题提供了莫大帮助，我才能顺利完成博士科研课题及论文撰写。可以说，正是因为这一阶段的研究付出，才为今日本书的出版奠定了基础。

　　在搜集我国慈善研究方面的资料的过程中，郑功成先生、周秋光先生、蔡勤禹先生、邓国胜先生、布鲁克斯先生、高鉴国先生等人的理论研究成果对我启发较大，Ajzen 等对计划行为理论的研究更是为我指明了理论前进方向。尤其是随着对计划行为理论和利他主义理论研究的逐步加深，我对它们的痴迷更是不能自拔。于是，脑海中便慢慢形成要将两者合二为一的想法。随着研究不断深入，今日研究成果的雏形初现，本书主要框架终于诞生：本书主要包括九章内容，其中

第二章到第八章是本书的主体部分。

能在原有研究基础上进行创作是一件非常幸福的事情。但是，由于自己的理论水平有限，对此问题的研究难免还存在肤浅之处，有些观点甚至可能是错误的。无论如何，我已付出自己最大的努力，热盼能得到广大同仁的批评指正。

在本书写作过程中，感谢恩师刘武教授，他在本书稿的框架方面给予了我很大的帮助；感谢良师朱伯玉教授，他在写作方面给我提供了很多指导建议，而本书最终得以出版也得益于朱教授的全力帮忙。当然，我还要感谢在慈善领域进行研究的所有学者同仁。本书在写作中参阅了不少学者们的研究成果，一般都在书中注明，但难免会有遗漏之处，在此向这些学者致歉。同时，还要感谢中国社会科学出版社的宫京蕾女士为本书的出版付出的努力与辛劳。

作　者

2015 年 10 月